正在发生的

AR（增强现实）革命

完全案例+深度分析+趋势预测

安福双 编著

U0348811

人民邮电出版社

北京

图书在版编目（ＣＩＰ）数据

正在发生的AR（增强现实）革命：完全案例+深度分析+趋势预测 / 安福双编著. -- 北京：人民邮电出版社，2018.10
ISBN 978-7-115-49173-2

Ⅰ. ①正… Ⅱ. ①安… Ⅲ. ①虚拟现实 Ⅳ.
①TP391.98

中国版本图书馆CIP数据核字(2018)第192133号

内 容 提 要

　　本书对 AR（增强现实）技术进行了全景式的概括，主要分析了 AR 在教育、医疗、工业、玩具、汽车、房地产等行业的具体应用。全书共分为 4 篇：第 1 篇介绍 AR 的发展历程、社会各界对它的看法以及一些代表性的硬件设备；第 2 篇详细梳理了 AR 在 11 个领域的具体应用以及它给这些领域带来的价值和意义；第 3 篇是 AR 在个人生活和工作中的一些应用案例；第 4 篇展望了 AR 的未来发展趋势和创业机会以及它和大数据、AI（人工智能）、5G（第五代移动通信技术）、3D 打印、机器人、云计算、无人机等领域的互相融合。

　　本书适合对 AR 行业感兴趣的投资者和创业者、设备和技术生产经营企业的从业人员，以及其他希望了解 AR 的读者等阅读使用。

◆ 编　　著　　安福双
　　责任编辑　　王振华
　　责任印制　　陈　犇
◆ 人民邮电出版社出版发行　　北京市丰台区成寿寺路 11 号
　　邮编　100164　　电子邮件　315@ptpress.com.cn
　　网址　http://www.ptpress.com.cn
　　大厂聚鑫印刷有限责任公司印刷
◆ 开本：720×960　1/16
　　印张：18.75
　　字数：385 千字　　　　　　　　　　2018 年 10 月第 1 版
　　印数：1-3 000 册　　　　　　　　2018 年 10 月河北第 1 次印刷

定价：49.00 元

读者服务热线：(010)81055410　印装质量热线：(010)81055316
反盗版热线：(010)81055315
广告经营许可证：京东工商广登字 20170147 号

正在发生的 AR（增强现实）革命

"我们知道未来在哪里，但是不知道什么时候到达，我们会等待这一天的到来。"

——海明威

目　录

◇◇◇◇◇◇◇

推荐序1

廖存元

亮风台创始人兼 CEO、国家"千人计划"创业人才入选者

本书会让你对 AR[1] 有更深入的了解。全书详细地阐述了 AR 的历史和未来，从无人所知的高科技概念到落地于教育、新闻、医疗、广告、游戏、旅游、建筑、汽车和工业等与人们生活息息相关的行业应用案例。这个过程是漫长的，但又是突破的，也不知道是从哪个时刻起，AR 就这样服务到我们的生活中了，未来可能会有更难以想象的应用空间。

在我看来，AR 革命已经到来了。作为一名 AR 从业者，我可以说在 5 年中见证了 AR 行业"从 0 到 1"的发展，这是一个非常不容易的过程。从几年前的无人所知到现在各个行业争相尝试与落地，正如书中所讲的那些典型案例。我们可以期待，随着 AI[2] 的发展、行业软硬件的提升以及内容的不断丰富，AR 将会满足更多的使用场景和用户需求。

感谢作者能够对行业有如此全面的调研与理解，让更多的人意识到"AR 服务生活"的时代已经到来。这个时代，不一定是最好的时代，但一定是最具启发性与开拓性的时代。

---

1 增强现实（Augmented Reality，AR），是一种实时地计算摄影机影像的位置及角度并加上相应图像、视频、3D 模型的技术。

2 人工智能（Artificial Intelligence，AI），是研究、开发用于模拟、延伸和扩展人的智能的理论、方法、技术及应用系统的一门新的技术科学。

◇◇◇◇◇◇◇◇

推荐序2

苏 波

深圳增强现实技术有限公司（0glass）创始人兼 CEO

AR——信息技术的新赛道

首先，很荣幸也很高兴接到安总监的邀请来为本书写推荐序。从2008年到现在，我一直是AR技术的亲历者、参与者和推动者。当前，AR技术还处于早期阶段，大多数"围观群众"甚至连一些AR行业的从业者还分不清AR、VR[1]、MR[2]的时候，终于有一本涵盖AR产业布局述评、案例分析及趋势预判的书出现了，担当起人们认知AR的桥梁和让厂商保持初心的良剂。

近几年，AR成为令人兴奋的科技热词。一时间，AR+游戏、AR+娱乐、AR+教育、AR+营销和AR+展览等各种应用场景如雨后春笋般涌现。这些场景虽然只是满足了用户的好奇心，但好奇心也是刚需的另外一种表现，虽然黏性并不高，但是客户决策快。因此，其造就出来的往往是项目型的现象级产品。

根据AR市场需求，我把所有应用场景分为3类，即伪需求、痒需求和刚需求。

---

1 虚拟现实（Virtual Reality，VR），是一种可以创建和体验虚拟世界的计算机仿真系统，它利用计算机生成一种模拟环境，是一种多源信息融合的、交互式的三维动态视景和实体行为的系统仿真，使用户沉浸到该环境中。

2 混合现实（Mixed Reality，MR），是一组技术组合，不仅提供新的观看方法，还提供新的输入方法。混合现实技术是虚拟现实技术的进一步发展，该技术通过在现实场景呈现虚拟场景信息，在现实世界、虚拟世界和用户之间搭起一个交互反馈的信息回路，以增强用户体验的真实感。

伪需求理论上的目标市场足够大且有需求，但实际应用上没有需求，如AR眼镜＋骑行，不仅解决不了运动刚需，反而影响人身安全。痒需求的目标市场大且实际应用有需求，然而可替代性却很强，如支付宝AR红包很快就被其他营销方式取代了。刚需求就不一样了，目标市场大且实际应用有需求，可替代性极弱甚至不存在，能有效地解决工业生产等方面的痛点，让互联网延伸到生产一线，本书所提及的AR+工业及AR+实训等内容就为此作了背书。

我在2014年就讲过，一项新技术的发展往往都要经历4个阶段：军事应用、工业应用、商业办公、个人消费。计算机和互联网都是沿着这个应用逻辑发展的，我相信AR技术也是一样。目前AR正处于军事和工业应用的阶段，无论是生产、管理还是培训，显然都能在其中的几乎所有环节发挥出作用，市场刚需强烈，是有广阔前景的。AR已被公认为是下一代的计算平台，未来的AR行业一定会像现在的IT行业，B端和C端泾渭分明。更远的以后，也许是10年后，一定会有AR的各种消费级终端出现，它们将深入到我们工作和生活的方方面面，甚至会完全取代现在的"三屏"：大屏电视、中屏PC和小屏手机，成为真正意义上的个人消费品。

写序期间，有人曾向我提出疑问："之前有VR一起争夺媒体头条，现在MR也开始火起来了，人们早已不再局限于讨论未来大趋势是AR还是VR，你们不怕AR被颠覆吗？"我认为这种疑虑是多余的。

众所周知，MR大多是从AR和VR出发做的。若从VR出发，那我们看到的现实世界就是经过摄像头处理传输之后的图像，与真实所见差别很大，无法达到虚实结合，因此走不通。若从AR出发，技术特性即基于真实场景上的虚拟叠加就决定了AR是最接近MR效果的一种技术，即AR发展的最终路径一定是 MR。三五年之后，AR 眼镜的超大可视角和超快运算量等问题一旦被解决，就能完全取代现有的 VR 头盔。

未来 AR 的产品形态将没有固定的载体，但发展趋势必然是从大屏到小屏再到眼镜，更远的未来可能变成隐形眼镜甚至是植入人体内的一颗芯片。2008 年我任水晶石数字科技高级副总裁时做过一个 AR+ 营销项目，那时载体还只是 PC+ 大屏的形态。2010 年我协助秦始皇兵马俑博物馆完成了 AR 展示项目，游客能在手机端看到刚出土、氧化前的色彩缤纷的兵马俑 AR 图像。2013 年谷歌眼镜的问世标志着 AR 智能眼镜时代的到来，2015 年它的停产则预示着消费级 AR 智能眼镜离我们还很远。2016 年三星获得了 AR 智能隐形眼镜的专利。2017 年谷歌又发布了企业版谷歌眼镜，主要应用于工业和医疗等领域，一停一发，预示着 AR 智能眼镜 B 端（企业客户端）市场的来临。虽然当前 AR 最合适的载体还是手机，但是未来类似于我们所佩戴的眼镜或隐形眼镜会是 AR 更好的载体。未来隐形 AR 智能眼镜的潜力虽然巨大，但它还不是最好的载体，生物芯片才将是 AR 的终极形态，而 MR 则是 AR 的高级形态。

正像书中写的，未来几年的 AR 市场将迎来爆发式增长，AR 将成为下一代计算平台，这会是一个 AR 时代。对 AR 感兴趣的投资者、创业者、生产经营的企业人员及其他读者可以从本书中窥探到更多的发展机遇。

推荐序3

邵华强

悉见科技联合创始人

　　人类社会发展了几万年，从原始文明到农耕文明到工业文明，再到互联网和移动互联网文明。随着文明的不断进化，信息的表达和传递方式也在发生着深刻的变化。原始时期是结绳记事到甲骨文；农耕时代有了竹简和纸张；到工业文明有了电报和电话；到互联网和移动互联网时代，就是PC和手机。那么下一个时代、下一个文明形态，人类会用什么样的方式来表达信息和传递信息呢？相信每位读者都可以在本书中找到那个已经出现了的答案，它就是AR。

　　人类将从2D平面时代进入3D的AR时代，也就是和我们日常生活中双眼看到的现实世界一样。这将是一次信息传递和理解的革命，整个社会也将迎来一次巨变。

　　福双作为从业者，不仅投身这场革命，也成为一名细致深入的观察者，他倾注自己的心血和时间，带给每一位读者一种广袤深入的视角去了解这场正在发生的革命。无论你是科研工作者、从业者还是普通爱好者，都可以从本书中获得你想了解的信息。希望更多的人加入AR行业中来，一起努力让世界更美好，正如福双所做的一样。

推荐序4

李 苗

暨南大学数字营销传播中心主任

过去未去，未来已来

2017年对于AR的发展历史来说是值得被记住的一年。2017年6月，苹果的ARKit开源性系统诞生，借此平台，在短短几个月内各类应用开发如火如荼，产品也如雨后春笋般层出不穷。AR的应用开发进入一个井喷时代，也标志着AR元年的开始。

"媒介是人体的延伸"，马歇尔·麦克卢汉（Marshall McLuhan）的媒介论在今天又有了全新的诠释。AR带给我们的是什么？是人机交互的虚实融合，是联结下一代移动互联网的接口，是人与机的交互性、沉浸式的互动体验，是移动与场景的即时交互和体验，还是信息拓展媒介的视觉盛宴？

当我看到本书时，脑海里呈现出来的就是AR带给人类新的视觉、听觉、触觉、体感等全方位的信息接收、信息创造和使用的新体验的画面，以及下一代移动互联网场景下的各种新型服务模式和商业模式。本书为我们贡献了一套丰富的AR研发和应用大餐：第1篇为我们呈现了AR的基础原理和发展现状以及社会对于AR的理解与认知；第2篇是本书的重点，为我们呈上的是AR在不同领域的实际应用案例，让我们看到AR巨大的市场潜力和对资本的诱惑力；第3篇则让我们看到AR与广大消费者息息相关的关联关系，让市场认识到AR不仅是一门B2B的生意，而是具有B2C市场的巨大开发价值和商业价值；第4篇概括总结了学界和业界的权威观点，如"人机交互的第三次革命"、全球AR的发展趋势等，为投资家、企业家、产品设计和开发者、学者和研究者提供了引导性的线索和思路。

AR的技术升级以及商用化还有很长的路要走，如移动中追踪捕捉系统技术的进一步完善、即时的交互性和稳定性、市场的强烈需求与内容和产品的研发周期的矛盾、5G的基础建设才开始等，这些还是影响AR大规模商用的瓶颈，还需要循序渐进，还需要时间。我们期待中国的AR市场能够出现更多原创的服务模式和商业模式。

一位年轻有为的AR产业界新人，一本汇聚了丰富AR案例的书，一个让人心动的书名。投资家和企业家可以从中找到商业价值，产品设计和开发者可以从中找到灵感，学者和专家可以从中找到有价值的研究课题。本书值得一读！

◇◇◇◇◇◇◇

推荐序5

张 博
无界财富董事兼 CEO

　　安总是一个学习能力和逻辑思维能力极强的人，这样的人写的书一般都会循序渐进，深入浅出，让人不觉间掌握了很多知识。通读下来不但如此，而且还极专业、极实用。让"小白"可以用几天时间变成"半专家"，对"专家"来说也可以开拓一下视野。真心推荐！

自序

　　每年夏日,我都会去漂流一次,享受那份刺激与凉爽。自从信息技术诞生以来,人类社会就像从缓慢流动的河流进入到了急促的漂流过程。每天都有新发明和新技术出现,我们每天接收到的信息量也越来越大。信息技术的大变革有3个时代:首先是计算机与互联网时代,然后是当前的手机和移动互联网时代,接下来则是AR和物联网时代。AR时代会比之前的计算机与手机时代发展的速度更快,水流更湍急,更加激动人心。

　　此时此刻,AR的未来已经无比清晰地展现在我眼前:戴着轻便小巧的AR设备,我们仿佛是长了千里眼和透视眼的超人,在万人万物上面直接看到相关信息并用手势与其互动。AR比手机更全面、更深入地渗透到我们生活的各个方面。但是,这个令人心潮澎湃的未来何时到来,5年、10年、20年,我不知道。不过我坚信这一天终会到来,我期待这项可以改变人类社会生活的技术早日普及开来。

安福双

二〇一八年八月

第1篇

风起云涌：席卷全球的AR浪潮

　　自从计算机发明以来，人类生活的世界就可以被划分成两个部分：现实的物理世界和虚拟的数字世界。虚拟的数字世界大大拓展了人们的认识边界，但是边界两端的世界是割裂的：打开计算机，登录互联网，你进入虚拟世界；关机，吃饭，开车，你进入现实世界。如果两者合二为一呢？将虚拟数字内容叠加在现实世界中，把现实世界进行增强，这就是AR。著名史学家钱穆先生有句话："过去未去，未来已来。"过去和未来是完全交织在一起的。如果想深入了解AR，先了解一下其发展历程是非常有必要的。

第1章 AR简史

在电影和科幻小说中已经展现了很多AR的应用场景，如《终结者》（1984）和《机械战警》（1987），这两部电影的主演都是"半机械人"，都是通过在他们的视觉系统上覆盖一连串的注解和图形来增强显示他们所观察到的世界的。

此外，还有《少数派报告》《攻壳机动队》《钢铁侠》《阿凡达》等科幻电影描绘的未来世界中也都有很多AR的成分，这些科幻场景将逐步成为现实。

1.1 AR发展大事记

一、1966年：第一台AR设备

计算机图形学之父和AR之父伊凡·萨瑟兰（Ivan Sutherland）开发出了第一套AR系统和人类实现的第一个AR设备，被命名为"达摩克利斯之剑"（Sword of Damocles）。同时，该系统也是第一套VR系统。这套系统使用了一个光学透视的头戴式显示器，同时配有两个六度追踪仪，一个是机械式的，另一个是超声波式的，头戴式显示器由其中一个追踪仪进行追踪。受制于当时计算机的处理能力，这套系统将显示设备放置在用户头顶的天花板上，并通过连接杆和头戴设备相连，能够将简单线框图转换为3D效果的图像。

为什么要把显示设备吊在天花板上，然后再连接到头上呢？因为，当时的技术并不发达，做出来的头戴显示器非常笨重，如果直接佩戴会因为重量过大导致使用者断颈身亡，从头顶的天花板悬挂下来可以分担一定的重量。从某种程度上讲，伊凡·萨瑟兰发明的这个AR头盔和现在的一些AR产品有着惊人的相似之处。当时的AR头盔除了无法实现娱乐功能外，其他技术原理和现在的AR头盔并没有什么本质区别。

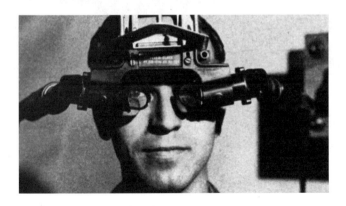

虽然这款产品被业界认为是VR和AR发展历程中里程碑式的作品，但在当时除了只得到大量科幻迷的热捧外，并没有引起很大的轰动。笨重的外表和粗糙的图像系统都严重限制了该产品在普通消费者群体里的普及。

二、1992年：AR术语正式诞生

1992年，"Augmented Reality"这一术语正式诞生。波音公司的研究人员汤姆·考德尔（Tom Caudell）和他的同事都在开发头戴式显示系统，以使工程师能够使用叠加在电路板上的数字化AR图解来组装电路板上复杂的电线束。由于他们对布线图进行了虚拟化处理，因此极大地简化了之前所使用的大量不灵便的印制电路板系统。

汤姆·考德尔和戴维·米泽尔（David Mizell）在论文中首次使用了"Augmented Reality"这个词来描述将计算机呈现的元素覆盖在真实世界上这一技术，并在文章中探讨了AR相对于VR的优点。例如，因为AR需要计算机呈现的元素相对较少，因此它对计算机处理能力的要求也较低。同时，他们也知道为了使虚拟世界和真实世界更好地结合，对于AR的定位技术（Registration）的要求应该不断增强。

同年，两个AR的原型系统——Virtual Fixtures虚拟帮助系统和

KARMA机械师修理帮助系统，由美国空军的路易斯·罗森伯格（Louis Rosenberg）和哥伦比亚大学的史蒂夫·费纳（Steve Feiner）等人分别提出。

路易斯·罗森伯格在美国空军的阿姆斯特朗实验室里开发出了Virtual Fixtures，该系统可以实现对机器的远程操作。而随后路易斯·罗森伯格将研究方向转向了AR技术，包括如何将虚拟图像叠加到用户的真实世界画面中等各项研究，这也是当代AR技术讨论的热点。从这时开始，AR和VR的发展道路便分离开了。

KARMA（Knowledge-based Augmented Reality for Maintenance Assistance，基于知识的增强现实维修助手），是在哥伦比亚大学计算机图形和交互实验室中被研发出来的一个AR协助维修设备的系统。研究人员使用该系统和HMD[1]来辅助维修一台激光打印机。

---

1 头戴式显示器（Head Mount Display），即头显。通过各种头戴式显示设备向眼睛发送光学信号，可以实现 VR、AR 和 MR 等不同效果。

上图中的线框是通过HMD看到的图像，用来告诉用户如何从激光打印机中取出托盘。虚拟的实线模拟了托盘在打印机中的位置，箭头代表托盘需要取出的方向，而虚线则表示托盘取出后的位置。

三、1994年：AR技术的首次表演

这一年，AR技术首次在艺术作品上得到发挥。艺术家朱莉·马丁（Julie Martin）设计了一个叫《赛博空间之舞》（Dancing in Cyberspace）的表演。舞者作为现实存在与投影到舞台上的虚拟内容进行互动，在虚拟的环境和物体之间穿梭，这是AR技术非常到位的呈现，也是世界上第一个AR戏剧作品。

四、1997年：AR定义被确定

罗纳德·阿祖玛（Ronald Azuma[2]）发布了第一个关于AR的报告。在报告中，他提出了一个已被广泛接受的AR定义。这个定义包含3个要素：将虚拟和现实结合、实时互动和基于三维的配准（又称注册、匹配或对准）。

---

2 国际知名AR专家，在美国北卡罗来纳大学任教，曾在诺基亚研究中心工作，现在英特尔实验室主导AR相关项目。

近20年过去了，AR已经有了长足的发展，系统实现的重心和难点也随之发生了变化。但是，这3个要素依然是AR系统中不可或缺的。

哥伦比亚大学的史蒂夫·费纳等人发布的游览机器（Touring Machine），是第一个室外移动AR系统。这套系统包括一个带有完整方向追踪器的透视头戴式显示器，一个捆绑了计算机、DGPS[3]和用于无线网络访问的数字无线电的背包，一台配有光笔和触控界面的手持式计算机。下面右边这幅图，就是戴上这套设备后，参观校园时所能看到的景象。

 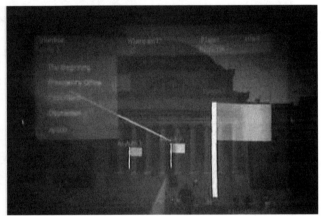

五、1998年：AR第一次用于直播

此时，体育转播图文包装和运动数据追踪领域的Sportvision公司开发了1st & Ten系统。在橄榄球实况直播中，用其实现了"第一次进攻"黄色线在电视屏幕上的首次可视化。该系统是针对冰球运动开发的，其中的蓝色光晕被用以标记冰球所处的位置，不过这个系统并没有被普通观众所接受。

---

3 DGPS 是英文 Differential Global Positioning System 的缩写，即差分全球定位系统，其工作方法是在一个精确的已知位置（基准站）上安装 GPS 监测接收机，计算得到基准站与 GPS 卫星的距离改正数。

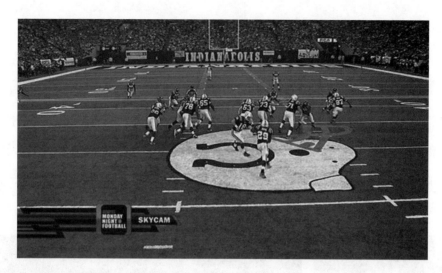

对于很少玩橄榄球的人来说，可能很难理解这套系统，但在我们每次看游泳比赛时，每个泳道上会显示出选手的名字和排名等信息就是使用了类似的AR技术。

六、1999年：带给App革命的第一个AR SDK[4]

这一年，第一个AR开源框架ARToolKit出现了。ARToolkit基于GPL开原协议发布，是一个六度姿势追踪库，使用直角基准（Square Fiducials）和基于模板的方法来进行识别。ARToolkit的出现使得AR技术不仅局限在专业的研究机构中，许多普通程序员也都可以利用ARToolkit开发自己的AR应用。早期，ARToolkit可以识别和追踪一个黑白的标记，并在黑白的标记上显示3D图像。直到今天，ARToolkit依然是最流行的AR开源框架，几乎支持大部分的主流平台，并且已经实现了自然特征追踪（Nature Feature Traking，NFT）等更高级的功能，后文的图片展示了在一个方形的标记上叠加一个3D模型的效果。

4 软件开发工具包（Software Development Kit），是辅助开发某一类软件的相关文档、范例和工具的集合。

2005年，ARToolkit与SDK相结合，可以为早期的塞班智能手机提供服务。开发者通过SDK启用ARToolkit的视频跟踪功能，可以实时计算出手机摄像头与真实环境中特定标志之间的相对方位。这种技术被看作是AR技术的一场革命，目前在Andriod和iOS系统的一些设备中仍被使用。

德国联邦教育和研究部在1999年启动了一项工业AR的项目，名为ARVIKA（Augmented Reality for Development, Production, and Servicing），来自工业和教育界的20多个研究小组致力于开发用于工业应用的AR系统。

该计划提高了人们在专业领域中对AR的认识，也催生出了许多类似的计划。这也是AR首次大规模服务于工业生产。

七、2000年：第一款AR游戏

布鲁斯·托马斯（Bruce Thomas）等人的"AR-Quake"游戏，是流行的计算机游戏"雷神之锤"（Quake）的扩展。"AR-Quake"是一个基于六度追踪系统的第一人称应用，这个系统使用了GPS、数字罗盘和基于标记（Fiducial Makers）的视觉追踪系统。使用者背着一个可穿戴式的计算机背包、一台HMD和一个只有两个按钮的输入器。这款游戏在室内或室外都能进行，游戏中一般的鼠标和键盘操作被使用者在实际环境中的活动和简单的输入界面所替代。

八、2001年：可扫万物的AR浏览器

罗布·库珀（Rob Kooper）和布莱尔·麦金泰尔（Blair Macintyre）开发出第一个AR浏览器"RWWW"（The Real-World Wide Web），一个作为互联网入口界面的移动AR程序。这套程序起初受制于当时笨重的AR硬件，需要一个头戴式显示器和一套复杂的追踪设备。2008年，Wikitude在手机上实现了类似的功能。

九、2009年: 平面媒体首次应用AR技术

当把这一期的《Esquire》杂志的封面对准笔记本的摄像头时，封面上的罗伯特·唐尼（Robert Downey Jr.）就跳出来和你聊天，并开始推广自己即将上映的电影《大侦探福尔摩斯》。这是平面媒体第一次尝试使用AR技术，希望以此能够让更多的人选择购买纸质杂志。

十、2012年: 谷歌AR眼镜来了

2012年4月，谷歌宣布该公司将开发Project Glass AR眼镜项目。这种AR的头戴式设备将智能手机的信息投射到用户眼前，通过该设备也可直接进行通信。虽然谷歌眼镜远没有成为AR技术的转折点，但它重新点燃了公众对AR的兴趣。2014年4月15日，Google Glass正式开放网上订购。

自从谷歌眼镜在2012年横空出世，AR突然又来到了大众的面前。谷歌眼镜价格太高，而且怪异的造型以及不太舒服的佩戴感受，让用户发明出了"Glassholes"这样的贬义词来形容它。2015年1月，谷歌停止销售第一版谷歌眼镜，并将谷歌眼镜项目从Google X研究实验室拆分至一个独立部门。之后，AR技术又一次陷入沉寂状态。不过，2015年3月23日，谷歌执行董事长埃里克·施密特（Eric Emerson Schmidt）表示，谷歌会继续开发谷歌眼镜，因为这项技术太重要了，以至于无法舍弃它。

十一、2014年：首个获得成功的AR儿童益智玩具

Osmo是由前谷歌员工创立的一家生产AR儿童益智玩具的公司。Osmo包含一个可以让iPad垂直放置的白色底座和一个覆盖前置摄像头的红色小夹子，夹子内置的小镜子可以把摄像头的视角转向iPad前方的区域，使用该区域可以玩识字、七巧板和绘画等游戏。

2014年5月，Osmo开始在官网众筹，当时预售价格为49美元，共计筹款200万美元。截至2016年底，Osmo已经被全球两万多所学校使用。

十二、2015年：现象级AR手游Pokemon GO

Pokemon GO是由任天堂公司和Pokemon公司授权，Niantic负责开发和运营的一款AR手机游戏。在这款AR类的宠物养成对战游戏中，玩家捕捉现实世界中出现的宠物小精灵，进行培养、交换和战斗。

市场研究公司APP Annie发布的数据显示，AR游戏Pokemon GO只用了63天便通过Apple Store和Google Play应用商店在全球赚取了5亿美元，成为史上赚钱速度最快的手游。

十三、2016年：神秘的AR公司——Magic Leap

Magic Leap是AR领域非常著名的创业公司之一，在2016年获得C轮融资。Magic Leap与HoloLens最大的不同是显示部分的区别。Magic Leap是用光纤向视网膜直接投射整个数字光场（Digital Lightfield），以此产生了所谓的电影级现实（Cinematic Reality）。

　　最让人不可思议的是如今估值高达几十亿美元的Magic Leap甚至还没有推出过一款商用产品。所以，在外界看来这是一家非常神秘的AR技术公司。据悉，Magic Leap的最终产品很可能是一款"头盔式设备"，可将计算机生成的图像投射到人眼上，最终在现实图像上叠加一个虚拟图像，就像把《黑客帝国》和《哈利·波特》里的场景结合在一起一样。

十四、2017年：科技巨头苹果公司打造最大AR开发平台

　　在2017年6月6日的WWDC[5]大会上，苹果公司宣布在iOS 11中将带来全新的AR组件ARKit，该组件适用于iPhone和iPad。从功能上来看，苹果公司的ARKit所展示的功能与谷歌早前推出的Tango很相似。

　　ARKit使用了iPhone和iPad的相机和动作传感器，能够在环境中寻找几个点，当你移动手机的时候也能够保持追踪，构造出的虚拟物体会被钉在

---

5 苹果全球开发者大会（Worldwide Developers Conference，WWDC），每年定期由苹果公司在美国举办，大会的主要目的是向研发者们展示最新的软件和技术。

原处，即便你把手机移开，当你再次对准原区域时，虚拟物体仍然会停留在那里。此外，ARKit还能够寻找环境中的平面，这使得虚拟物体放在桌上的场景更加逼真。

1.2 AR系统的组成及工作原理

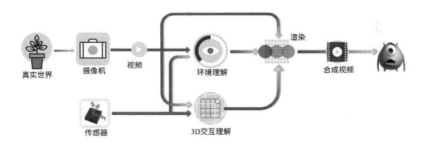

上图描绘了一个典型的AR系统的概念化流程。从真实世界出发，经过数字成像，系统通过影像数据和传感器数据一起对三维世界进行感知理解，同时得到对三维交互的理解。三维交互理解的目的是告知系统需要"增强"的内容。例如，在AR辅助维修系统中，如果系统识别出修理师翻页的手势，那就意味着下面要叠加到真实图像中的应该是虚拟手册的下一页。相比之下，三维环境理解的目的就是告知系统要在哪里"增强"。

在上面的例子中，我们需要新的显示页和以前的页面在空间位置上看起来是完全一致的，从而呈现出强烈的真实感。这就要求系统可以实时对周围的真实三维世界有精准的理解。一旦系统知道了要"增强"的内容和位置以后，就可以进行虚实结合，这一般是通过渲染模块来完成的。最后，合成的视频被传递到用户的视觉系统中，由此实现了增强现实的效果。

1.3 AR的技术特性

AR技术主要具有以下3个方面的技术特性。

一、虚实融合

AR技术把用户所处的真实世界与计算计模拟生成的虚拟世界融合在一起，通过增强真实世界来提升用户的体验与感知。这需要一些能够显示虚实合成场景的技术，常用的技术有3种：光学显示技术（使用光学合成器，如头戴式显示器将虚拟物体与用户所见的真实世界融合，并使用户对合成世界的感受与其原来对真实世界的感受完全一样）；视频显示技术（使用摄像机拍摄真实场景，将虚拟物体和拍摄出的真实世界的视频进行无缝合成）；空间显示技术（使用投影仪等设备将虚拟物体直接投射在真实世界中）。

虚实融合还要考虑到几何和光照问题，这是虚拟物体与真实世界间比较明显的区别。几何问题是指虚拟物体的模型精度应该比较高，显示出的模型效果应该与真实物体接近。同时，虚拟物体与真实物体应该具备一定的遮挡关系。由于当前计算机图形技术的局限性，生成的虚拟物体不可能与真实物体完全一致，只能在一定的分辨率下利用抗锯齿（Anti - aliasing）和曲面细分（Tessellation）等技术使虚拟物体尽可能地逼真。光照问题是指真实世界中的物体具有眩光、透明、折射、反射和阴影等效果，要实现完美的虚实融合需要利用计算机图形技术中的光照算法（如全局光照算法和局部光照算法等）生成虚拟的光影效果。

二、三维配准

三维配准的目的是保持虚拟物体在真实世界中的存在性和连续性。为了实现虚拟物体和真实世界的融合，首先要将虚拟物体正确地定位在真实世界中并实时地显示出来，这个定位过程被称为三维注册。AR的三维注册方式可以分为3类：第一类是基于传感器的注册技术，这类技术无须使用复杂的算法来获取虚拟信息呈现的位置，而是通过GPS、加速度传感器、电子指南针和电子陀螺仪等各种硬件设备来得到位置信息；第二类是基于计算机视觉的注册技术，这类技术使用计算机视觉算法，通过对真实世界中的物体图像或者特别设计的标志物进行图像识别和分析获取位置信息；第三类是综合使用传感器和计算机视觉的注册技术，它结合了前两类的优点，可以达到更可靠、更准确的注册。

三、实时交互

AR的目的就是使虚拟世界与现实世界实时同步，它提供给用户一个虚实融合的增强世界，使用户能在现实世界中感受到来自虚拟世界的物体，从而提升用户的体验与感知。用户与AR系统的交互通常会使用键盘、鼠标、触摸设备（触摸屏、触摸笔）和麦克风等硬件。随着科技的发展，近年来出现了一些基于手势和体感的交互方式，如数据手套和动作捕捉仪等。

1.4 分不清的AR、VR、MR

AR由用户看到的真实场景和叠加在真实场景上的计算机生成的虚拟景物组合而成，虚拟景物对真实场景起增强作用，并提高人们对真实场景的感觉和认识。AR的最终目标是生成一个真实场景和虚拟景物完全融合的场景，使用户感觉不到哪些是真实的，哪些是虚拟的，而认为自己所看到的是一个完全真实的场景。简单来说，VR呈现的是完全的虚拟世界，是封闭的，而AR是基于现实环境，叠加虚拟物体或信息，从而达到"增强"效果的。

MR是将真实世界和虚拟世界混合在一起来产生新的可视化环境，环境中同时包含了物理实体与虚拟信息且是实时的。MR的两大代表设备就是HoloLens与Magic Leap。AR往往被看作是MR的其中一种形式，因此在当今业界很多时候为了描述方便或者其他原因，就把AR也当作MR的代名词，用AR代替了MR。AR和MR并没有明显的分界线，未来也很可能不再对它们进行区分，MR更多的只是HoloLens和Magic Leap打出的噱头。

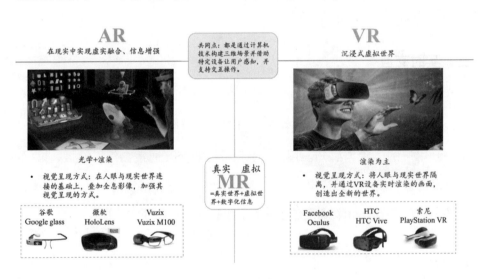

第2章 社会各界看AR

古语有云："兼听则明，偏信则暗。"AR到底是一场深刻的革命还是昙花一现的现象？我们该如何看待AR？ AR的意义是什么？发展趋势是怎样的？这些问题，我们可以先听听专家学者、企业人士和政府部门的多方解读，综合起来可以对AR有一个全面的认识。

2.1 行业专家对AR发展趋势的解读

普通人对技术方面研究不多，无法对AR技术形成全面深入的判断。不过没关系，我们可以站在巨人的肩上，去看看一些计算机专家和分析师对AR的看法，了解一下他们从专业的角度是如何看待AR技术的。

表2-1　行业专业对AR发展趋势的解读

姓 名	职 位	观 点
史蒂夫·费纳（Steven Feiner）	哥伦比亚大学计算机图形与用户界面实验室主任、AR之父	用AR大家能够更快、更准确地完成任务，比看平板显示器上的信息要好得多。在一个任务完成之后我们可以自动地进入下一个任务，这是平面显示器没有办法做到的。而且，用AR可以减少近一半的时间。
吉恩·蒙斯特（Gene Munster）	苹果公司分析师	苹果公司发布了一个"比其他产品领先一光年的东西"，但却被大多数人忽略了。这个神奇的东西并不是一件具体的AR产品，而是iOS新增的AR开发平台——ARKit，它将帮助开发者在iOS的App中加入AR，从而更好地连接虚拟世界和现实世界。AR将成为未来世界的操作系统。

（续表）

姓　名	职　位	观　点
伊凡·苏泽兰 （Ivan Sutherland）	计算机图形学之父和VR之父	终极的显示方式将会是一个房间——一个由计算机来控制其内部物品存在与否的房间。显示在其中的椅子将是真实得让你能够直接坐上去的，显示在其中的手铐将真能把人铐起来，而显示在其中的子弹无疑也会是致命的。只需用合适的编程，这样一种显示方式就能实实在在地成为爱丽丝所漫游过的那个仙境。
吉姆·麦克格雷格 （Jim McGregor）	Tirias Research首席分析师	如果VR和AR得到发展，那么未来2到3年内相关产品将有很好的潜力。我对于VR和AR的发展非常乐观，因为在游戏、娱乐、教育，甚至医药等工业应用中，这些技术都很有潜力。
顾险峰	纽约州立大学石溪分校终身教授，计算共形几何创始人	我相信，不久的将来，淘宝网上的照片都会被光场相片所取代，而Magic leap头盔，将成为每一个网购者的标配。
布莱尔·麦金泰尔 （Blair MacIntyre）	佐治亚理工学院增强环境实验室主任	Tango的强大性能将带来全新的AR应用，在智能手机上扫描整个世界将带来各种各样的可能性。应用将可以提供之前只在实验室中使用昂贵设备才能实现的功能。
王涌天	北京理工大学信息与电子学部主任、科技部863信息技术领域专家组成员	如果把连接脑神经算作"最后一块屏幕"的话，VR头显将是人类的"倒数第三块屏幕"，而移动AR头显则代表着"倒数第二块屏幕"，将成为"让人类重新站起来"的一种新媒介，永远告别低头看手机屏幕的时代。国内AR技术已经在光学自由曲面、光场、全息摄影和波导等领域取得了突破，未来AR技术会像手机一样走进千家万户。
迈克尔·齐达 （Michael Zyda）	南加州大学Gamepipe实验室主任	AR它比VR更加强大，大家在这个过程中可以看到自己的朋友，比如我们看到的口袋妖怪等技术，我们每个人都喜欢这些游戏，它其实使用的就是AR技术。
马克·斯克瓦雷克 （Mark Skwarek）	纽约大学AR实验室主任	如果消费者接受了AR，他们之后便可能接受AR作为沟通媒介，正如手机怀疑论者最终接受了智能手机，手机超越了计算机一样。如果是这样的话，AR变成超越VR。AR将成为时刻与用户同在的技术，未来在大众中将有高渗透率。
托德·里士满 （Todd Richmond）	美国南加州大学科技创新实验室先进设备原型机研发部门主管	AR可以取得更大成就，因为人们应用该技术的时候，依然能够触碰实物，而且能够与即时物理世界保持更好的联系。
克里斯·科洛 （Kris Kolo）	美国VR/AR协会主席	我们认为AR比VR更有前景，到了2020年的时候也会有巨大的收益，会增长到1500亿美元。

（续表）

姓名	职位	观点
Hoi-Jun Yoo	韩国科学技术院教授	头戴式显示器设备将会变成下一代移动设备。最终，其将彻底代替智能手机。头戴式显示器设备市场发展迅速，成为消费者日常生活中的必需品只是时间早晚的问题。通过AR技术，我们将更加丰富、更深层次和更逼真的现实场景融入我们生活中的各个方面，包括商业、艺术、文化和娱乐等。
徐泽明	中国科学院计算机技术研究所博士，计算机视觉、系统结构和云计算专家	现在的人机交互以智能手机为例，从早期的按键，到手势触摸交互，再到如微软kinect等手势交互方式，是一种空间性的进步，可以视为从二维到三维的进步，同时可以视为更回归人类自然状态的交互。随着AR的发展，虚拟图像进入现实世界，人类的手势交互更回归自然，点按或拉升等都是人类习惯的一种。无形之中极大地削减了人类面对这些现今的AR设备的学习成本。

2.2 业界大佬的判断

2017年6月6日，苹果公司在WWDC 2017大会上公布了一系列的"全新升级"，其中最为亮眼的要数全新的iOS 11系统集成的ARKit功能。随着iOS 11的亮相，苹果公司正式公布了自己的AR开发者平台ARKit。该平台将支持Unity、Unreal和SceneKit，具备动作追踪以及平面、光线、范围估算等特性，便于AR开发者快速打造出自己的作品。苹果公司进入AR领域，无疑给业界打了一针强心剂，在苹果公司的"大水"下，所有AR企业的"小船"都会"高"起来。

其实不只是苹果公司，微软、谷歌和三星等科技巨头企业也一致看好AR的未来，在各种场合为AR"点赞"。科技企业大佬们的发言无疑非常具有代表性，值得AR从业人员细细琢磨。

表2-2 业界大佬对AR发展趋势的判断

姓 名	职 位	观 点
蒂姆·库克 （Timothy Donald Cook）	苹果公司CEO	AR技术意义深远，并且比VR更具潜力。跟VR不同的是，AR能够成为我们世界的一部分。AR像智能手机一样，这个概念非常庞大，并且可以改善我们的生活。AR就像是iPhone中的一种芯片，这不是一种产品，而是一种核心技术。我们已经向这个领域投入了很多，我们也会继续投入。从长远来看，我们很看好AR。我们认为，AR有些很适合消费者的应用，并有着很棒的商业化前景。
马克·扎克伯格 （Mark Elliot Zuckerberg）	Facebook CEO	Facebook要做的事的独特之处在于，我们不是要打造烂大街的特效相机，而是要打造第一个主流的AR平台。在接下来的5年或10年中，AR设备可能将会达到Oculus Rift今天的样子。
桑达尔·皮查伊 （Sundar Pichai）	谷歌CEO	从长远来看，AR才是未来的发展趋势，因为它能够带给人们更多的互动体验，而非VR的隔离。
萨提亚·纳德拉 （Satya Nadella）	微软CEO	微软押注在三大平台上：第一个平台是云和AI，这两个将会结合，因为云拥有无限的存储空间，大量的数据可以供给到AI；第二个平台是Cortana，集中在自然语言上；第三个平台就是AR，提供360度沉浸式视野。对我来说，AR就是终极计算机。如果你把你的视野当成无限的数字显示器，你不仅能看到模拟世界，你还能看到各种数字物体，这就是我们研发HoloLens全息眼镜的原因。
马化腾	腾讯CEO	我们在思考下一代的信息终端会是什么呢？会是汽车还是可穿戴设备？比如说我们看到AR技术和VR技术，我们可能未来戴个眼镜通过视网膜的透视，就可以跟人、服务和设备建立连接，不需要现在用的手机，通过视网膜就可以沟通，这是我们现在看到这种未来的趋势。
尼玛沙姆 （Nima Shams）	ODG副总裁	AR技术将会不断发展，并且改变即将发生的事情。
张小龙	腾讯集团高级副总裁、微信事业群总裁	智能手机之后，有可能是眼镜这样的设备，未来眼镜会非常智能，可以将计算机"藏"进其中。以后眼镜的屏幕应该比现在的手机屏幕更大。眼镜看到灯的时候，类似于AR，灯的上方就出现一个按钮。扫到公园门口的时候，就出现门票系统。未来10年很可能进入智能眼镜时代。
Sung-Hoon Hong	三星副总裁	我的团队正在开发光场引擎，三星的全息技术能带来很强的现实感。对于三星来说，AR具有更好的业务发展前景。

（续表）

姓名	职位	观点
汪丛青	HTC Vive 中国区总裁	VR和AR大家觉得是两件事，其实是一件事，再过5年你头上的设备一定是AR和VR都可以做的，真正未来的一个设备，不会只是在做AR或者只是在做VR，真正到普及化的时候，这两个一定是一个事。
梅龙·格里贝茨（Meron Gribetz）	Meta CEO	今天计算机发展势头令人欣喜，但我们并没有注意到事实上计算机本身的体验有多么糟糕。计算机的未来不会局限于一块小小的显示屏。它将无处不在，甚至成为我们身体的一部分。未来的互动方式一定是一种更自然的方式，你的大脑就是你的操作系统。
格雷米·德韦恩（Graeme Devine）	Magic Leap 首席创意官	从现在起，5年后的世界将是一个"五五分"的世界：一半是MR，一半是原子。10年后，MR将随处可见。
孙谦	幻实科技CEO	我觉得未来AR会无处不在，就像二维码到处可以看见。将来AR会成为人们生活的一种习惯，它会渗透到各行各业，算是新的一种交互方式，让人们的生活更加方便、更加科幻、更加高效。AR能让你看到虚拟的东西叠加在现实上面，让你更好的了解这个世界，让你看到更多的东西。
乔斯·阿尔瓦雷茨（Jose Alarez）	华为媒体实验室战略负责人	AR将会强化我们的认知能力，让人类获得以往不具备的能力。参照搜索引擎的历史，就应该知道，AR的未来一定很光明。20年前，谁也没有想到我们能够如此轻松地获取海量信息，而现在我们对强大的搜索引擎早已习以为常。未来我们对AR的感受将和现在对搜索引擎的体验很类似。AR将会极大丰富和便利我们的生活，让我们对其习以为常。我们的认知能力也会获得极大提升。
王小川	搜狗CEO	对于信息技术的纪元划分，我是以大众能够使用的终端来区隔的，一句话来说，就是"个人计算机（计算机）"——"智能手机（Smart Phone）"——"全息眼镜（Hologram Glass）。为什么Phone之后是Glass呢？ Glass比Phone更便捷、更贴近真实的交互方式。
廖春元	亮风台CEO	智能手机屏幕小、不支持自然交互，因此并非终极。只有AR能做到突破整个物理世界，近眼显示器可让人随身携带60英寸（152.4厘米）虚拟大屏幕，还能支持人与人之间语言和动作的自然交互。AR有潜力成为下一个重大通用计算平台。
马特·康姆莱特（Matt Kammerait）	Daqri副总裁	目前的消费者对AR头显是没有很大需求的，但是工业不同，工业永远在想办法找到新的技术去提高效率。

（续表）

姓　名	职　位	观　点
伯纳德·克雷斯（Bernard Kress）	微软合伙人、HoloLens主要负责人	虽然现在VR火热，但VR市场终会萎缩，未来的趋势是AR兴起，吃掉VR市场，逐步将VR变成AR的功能之一。终极的可穿戴设备要做到让人们每天都会佩戴使用，它应该像一副眼镜、一个手表一样自然舒适，却又比一台手机更智能、用途更多。还有一点，它必须要能够在VR与AR间自由切换。

总结这些科技企业大佬的言论可以发现，AR是比目前火热的VR更具有广泛应用场景的技术。由于VR的全封闭性，它只能存在室内等一些特定场景；而AR是将虚拟影像投射到现实中，可以无处不在。因此，AR的前景更加广阔，并且会和人类生活进行深度结合，能够极大地增强和扩展人类的认知能力。

2.3 政府部门的支持和鼓励

正是看到了AR和VR带来的巨大经济潜力，福建、南昌、长沙、青岛等地的政府部门纷纷出台相关扶持政策，建设AR和VR产业基地。以南昌为例，当地政府表示要在未来3~5年内，发起总规模10亿元的VR天使创投基金，落实100亿元规模的VR产业投资基金，聚集1000家以上的VR产业链上下游企业，实现超过1万亿元的产值。

表2-3　AR/VR发展相关的政策文件

发布单位	发布时间	政策文件
南昌市人民政府	2016年6月	关于加快VR/AR产业发展的若干政策（试行）
中国电子技术标准化研究院	2016年4月	虚拟现实产业发展白皮书

（续表）

发布单位	发布时间	政策文件
福州市人民政府	2016年4月	关于促进VR产业加快发展的十条措施
国务院	2016年7月	"十三五"国家科技创新规划
住房和城乡建设部	2016年8月	2016—2020年建筑业信息化发展纲要
国家发展和改革委员会	2016年8月	关于请组织申报"互联网+"领域创新能力建设专项的通知
国务院办公厅	2016年9月	消费品标准和质量提升规划（2016—2020年）
重庆市经济和信息化委员会	2016年8月	关于加快推进虚拟现实产业发展的工作意见
商务部、国家发展和改革委员会、财政部	2016年8月	鼓励进口服务目录
文化部	2016年9月	关于推动文化娱乐行业转型升级的意见
工业和信息化部、国家发展和改革委员会	2016年9月	智能硬件产业创新发展专项行动（2016—2018年）
贵阳市贵安新区管委会	2016年10月	贵安新区关于支持虚拟现实（VR）产业发展的十条政策（试行）
中关村科技园区管理委员会和北京市石景山区人民政府	2016年10月	关于促进中关村虚拟现实产业创新发展的若干措施
国务院	2016年12月	"十三五"国家信息化规划
中共中央办公厅、国务院办公厅	2017年1月	关于促进移动互联网健康有序发展的意见
深圳市人民政府	2017年1月	2017年深圳市政府工作报告

（续表）

发布单位	发布时间	政策文件
上海市人民政府	2017年5月	关于创新驱动发展巩固提升实体经济能级的若干意见
国务院	2017年7月	新一代人工智能发展规划

综上可知，不管是学者专家、科技企业大佬还是政府机构，都一致看好AR的未来。相信在各方努力下，AR在未来几年将会有爆发式的增长。

第3章 这就是未来：解放双手的AR眼镜

个人计算机带我们进入了信息化时代，而智能手机则带我们进入到了移动互联网时代，那么接下来呢？有些读者可能已经猜到，下一个时代的计算平台就是以AR眼镜为代表的可穿戴设备。本章就来看看目前主流的几款AR眼镜。

3.1 折戟的Google Glass

一、发展历程

早在2011年，Project Glass就已经在测试早期版本的Google Glass原型产品。当时，团队使用常规的眼镜框，将镜片替换为特制的头戴显示设备模块。那时候，这"副"Google Glass原型机很重，而现在的Google Glass成品连一副普通的太阳镜的重量都不到，只有区区50克。

2012年4月，谷歌联合创始人、Google Glass项目的牵头人谢尔盖·布林（Sergey Brin）在旧金山的一场活动上首次佩戴Google Glass公开亮相，吸引了全球的目光。尽管当时的Google Glass仍然是原型机，但是形态已经和现在公开发售的Google Glass Explorer Edition毫无二致。

在一个U型的金属框架下，佩戴者从右耳到右眼被Google Glass长条形的机身覆盖。机身中包含了设备的处理器、触摸控制板、摄像头和投射显示模块等元件。

2012年Google I/O大会上，Google Glass以高空跳伞的形式降落到发布会现场的屋顶，并通过Hangouts视频共享让发布会现场和全世界观看I/O直播的观众感受第一视角的高空降落感觉。惊艳的产品以酷炫的形式亮相，一时间人们都被这种未来科技感震撼。尽管功能十分有限，但Google Glass仍然和当年在火星自拍的好奇号火星车站在了一起，被《时代周刊》（Time）评选为2012年最佳发明。

二、失败的教训

1. 购买门槛高

Google Glass正式公布之后，在长达一年的时间里只提供给和谷歌有合作关系的开发者使用，名为Developer Edition。2013年4月，谷歌正式将对外提供的眼镜命名为Google Glass Explorer Edition，按照1.5万美元的价格销售给经过谷歌认证的"Glass Explorer"。2014年5月，谷歌才开始对外公开发售这个Explorer版本。要购买这款设备尝新的消费者，并不一定是开发者，更别提和谷歌有合作关系，被谷歌认证的开发者有多少了。事实上，使用Google Glass的基础功能，如阅读通知、查看地图路线指引和搜索内容等，并不需要用户拥有多少开发知识。Google Glass是有史以来人们见到过的最接近大众期待的AR人机交互产品，但却在相当长的一段时间里无法为大众所用。

2. 价格昂贵，性价比不高

1.5万美元能买到什么？两部当年的中高配iPhone或好几部Nexus 4或Nexus 5。Explorer Edition以和Developer Edition相同的价格公开发售，让很多期待拥有它的人再度失望。

3. 侵犯隐私

公众一直对于佩戴Google Glass的人可以在他人不知情的情况下拍摄自己感到十分抵触。美国赌城拉斯维加斯的许多赌场曾经禁止佩戴Google Glass的人入内；美国电影协会和全国影院业主协会也禁止了包括Google Glass 在内的可穿戴设备在影院当中使用。

三、给后来者的启示

Google Glass 可谓是消费级 AR 眼镜的开山鼻祖，虽然项目暂停，但并不意味着 AR 眼镜没有前景。后续的 AR 眼镜反而越来越多，在谷歌开辟的道路上继续前行。Google Glass 几年间的探索给了我们深刻的启示。

目前 AR 眼镜因为各种条件限制，还没办法达到成熟的大众化应用。但是，很多垂直和特殊的行业及应用场景是急需的，应该先从这些细分领域切入，如针对教师、医生、石油工程师、仓库管理员或生产线工人等用户使用的。

四、重生

2017 年 7 月 20 日，Google Glass 发布了企业版本，已开始面向合作伙伴提供。此次 Google Glass 以商业版的形式回归，产品的代号为 "Glass Enterprise Edition"（谷歌眼镜企业版）。虽然 Google Glass 的消费版本夭折了，但是之前就有不少工业生产企业选择使用这款眼镜来提高他们的工作效率。而商业版的正式推出，也是谷歌明确产品定位的一大进步，"Glass Enterprise Edition" 将针对有特殊需求的企业，谷歌还希望通过商业版的计划为更多的企业提供定制的、端到端的支持。

3.2 微软 HoloLens：改变你看世界的方式

一、HoloLens 简介

HoloLens 是一个基于深度摄像头、高性能处理器和双屏幕显示的进阶版Glass。HoloLens包含了实时的三维计算和精准的深度识别等核心技术，为了把用户的手势和周围的风景实时3D数据化，HoloLens需要数十种传感器，继而使用微软原创技术HPU（Holographic Processing Unit）将这些数据统合。

HoloLens上使用了多个深度镜头和光学镜头，采集回来的数据直接在应用端进行处理，由英特尔最新的Atom处理器制作出影像，并以60帧每秒的速度输出并投影到用户的视网膜上。最前面的那层深色玻璃则没有输出、输入效果，起到的只是对外部杂光的过滤作用。HoloLens不需要线缆连接任何外部计算设备，因为它本身就是一部可以运算的计算机。

2016年3月30日，微软在一年一度的Build大会上宣布HoloLens开发者套装正式在美国和加拿大市场发售，价格为3000美元。除了开发者版的HoloLens眼镜、常规的包装盒和充电器，套装还包括可交互的Clicker配件和另外7款应用及游戏。

HoloLens的镜片采用通透式成像技术，佩戴者的眼睛视线将完全沉浸在现实场景和虚拟界面相结合的AR世界，而不是像Google Glass要求的那样，必须把视线移到那个"小棱镜"的位置，才能看到里面"小屏幕"上的东西，同时这块特定区域只能展示虚拟图像。现实场景与虚拟画面没有融为一体，Google Glass上的AR体验被活生生地撕裂开来。

因为只有一个成像仪，Google Glass也无法给佩戴者产生3D的视觉画面。而HoloLens上的内容则可以进行3D投射，在现实场景之上叠加一层立体的虚拟展示（交互）界面。例如，看到房间里多了些虚拟按钮，你可以直接用手进行点击触发后续操作（虽然触摸的只是空气）。

二、下一代计算平台

HoloLens的定位明显有别于Google Glass，它立志成为新一代的"生产力工具"。Google Glass之所以失败，很大程度上与其"超级生活伴侣"的定位有关。软硬件都不完美，初始生态也没建立。现在的智能眼镜显然不可能让用户全天佩戴，更不可能取代智能手机的中心设备地位。

当你有事情需要做的时候，佩戴HoloLens去完成，当你把事情做完后，就可以摘掉眼镜。虽有不少娱乐功能充斥其中，但诸如科研、设计、教育和医疗等专业领域，才是微软HoloLens真正觊觎的未来市场。HoloLens正在避免Google Glass在用户体验上犯的那些错误。如在眼镜佩戴的舒适度、多配件导致人们行走不便和设备能否完全独立运行等问题上，微软研发团队正在尝试给出最优的解决方案。

不同于Google Glass、手机和计算机设备间单纯的信息传送机制，微软想让用户通过HoloLens与其他设备进行协作，来完成实打实的工作。如当

HoloLens和配套软件Holo Studio相结合时，用户就可以通过手势和语音的交互，直接在现实环境中去创造虚拟的物品并通过3D打印变为实物。

汲取Google Glass引发公众隐私争议的教训，微软HoloLens把用户的使用场景限定在了室内的居家或办公场所。需要强调的是，目前条件下的户外AR设备更多的只是充当了手机的辅助设备，而非独立工具的角色，其最佳应用场景也只能在室内。围绕特定的使用场景，微软正在开发更加实用的眼镜应用。

HoloLens能够让你进入一个未来的世界，给你一种叹为观止的用户体验。它是一台完全独立的计算设备，内置了包括CPU、GPU和一个专门的全息处理器。它能够追踪人的手势和眼部活动，屏幕和投影都会随着人的活动而移动。HoloLens的最成功之处可能就是用AR全息投影来"欺骗"大脑，它使大脑将看到的光当成实物。其终极目标就是让人感知光的世界，它既存在，也不存在，重要的是让大脑认为它待在一个实体的世界里。

三、HoloLens面临的技术难点

1.透视效果

透视效果，即户外强光和光线干扰等条件下的视透率问题，这点微软暂未解决，如果这点未能解决的话，很显然HoloLens是无法被拿到大街上去使用的。

2.实际条件下的目标识别

目标识别在此类用途的智能眼镜上是必备的基础功能，即在大尺度变化、倾斜、遮蔽、反光、简单特征与复杂背景这些实际条件下的目标识别。

3.普适条件下的建模

不一定能有条件和时间对每一个未知场景和目标进行建模，这是AR技术尚未解决的。

4.普适条件下的景深自适应

对未预先建模的目标和场景，HoloLens无法做到景深自适应。要么限定应用目标和场景，要么随时建模，要么随时用激光测距仪测量，要么用双目摄像头测距。

5.其他

全息波导的制造成本较高，成像的光学质量目前还较差，用了这么多摄像头和传感器的视觉计算，对CPU和GPU的处理能力有着极高的要求，需要采用一些专业级的芯片，成本和续航能力也都是问题。

四、HoloLens与Google Glass的不同点

如果要谈到HoloLens，那么必然要拿它与2012年谷歌发布的Google Glass作对比。

HoloLens和Glass这两款产品的最终目的都是为了让科技全方位地融入人们生活里的每个角落。而从设备的外形来看，Google Glass和HoloLens为了达到让科技和日常生活无缝对接的目的采取了两个不同的路线。

Google Glass的选择是极富野心的，它从一开始就不希望阻碍人正常的生活。所以Google Glass从一开始就选择压缩机身，选择了小屏幕，于是所能提供的功能并不多。所以Google Glass在强调这个东西能够在我们跑步的时候戴，做饭的时候戴，和孩子一起玩耍的时候戴。

而 HoloLens 则不一样，微软的野心显然是希望 HoloLens 成为一款像智能手机那样每天陪伴在人们生活中的消费品，HoloLens 并不是要替代智能手机，而是要去抢占人们使用手机的时间和精力，就像当年的 iPad 一样，也并不是要去取代计算机。

那么问题来了，戴着像护目镜一样的 HoloLens 走在大街上，会不会显得酷炫但奇怪呢。佩戴前沿科技产品人群的穿戴心理是很特别的，既想要人们知道这是最酷炫的一款科技产品，但又不想备受瞩目，令别人感觉到自己很另类。

谷歌在研发 Google Glass 的时候，是把它当作人们日常佩戴的眼镜去做，所以当你在日常生活里佩戴 Google Glass 是不会感到突兀的，想用的时候就用一下。Google Glass 的最大缺点是可供人们使用的实际场景太少，Google Glass 上也并没有诞生几款真正影响人们生活的 AR 应用，它只是普及了 AR 设备，所以它在实际生活里只是一款可有可无的"鸡肋产品"。

HoloLens 目前的体型偏大，是微软为了保持机器性能不得不做出的折中方法。有足够的性能，才能在 HoloLens 上产生各种炫酷的应用。但科技产品往往是可以迭代的，通过不断地技术发展，HoloLens 将来的体积是可以缩小，直至小到可以方便人们随身携带的。

HoloLens 同样也面临许多的挑战，甚至比 Google Glass 未来所要面临的挑战更多。如果未来的某一天它成功了，它无疑将会是继 iPhone 之后，下一个跨时代影响千万人的科技产品，将带领人类进入新纪元。

3.3 Magic Leap的魔力

一、疯狂的创纪录融资

Magic Leap成立于2011年，至今仅有7年的时间，在并无一款产品、仅有几段特效视频的情况下，获得国内外资本大佬的青睐，融资速度犹如搭乘了火箭一般，时间短，数额高。不仅如此，投资机构都是像谷歌、高通等这样的硅谷大公司，以及中国的阿里巴巴。这很快推就了一家融资总额高达14亿美元，被估值45亿美元的"独角兽"，真是非常"Magic"啊！

二、神奇的光场显示技术

Magic Leap的核心技术是"光场显示技术"，与微软的HoloLens不同。简单比较二者，感知部分没有太大差异，都是空间感知定位技术，最大的不同来自显示部分。Magic Leap是用光纤向视网膜直接投射整个数字光场，产生所谓的电影级的现实。而HoloLens则采用一个半透玻璃，从侧面DLP投影显示，虚拟物体总是实的，与市场上Epson的眼镜显示器或Google Glass的方案类似，是二维显示器，视角不大，只有40度左右，所以沉浸感会打折扣。

光场显示技术的实现要依赖工具链、硬件、计算设备和存储设备及各项成熟的技术。它虽然只是一个显示设备的革新，但每一次显示设备的革新带来的都是计算量和存储量等一系列工具与设备的革新。因此，Magic Leap 需要面对的挑战，并非发明一个简单的技术就能解决，需要克服整个工具链和产业链的问题，涉及很多公司，短期注定难以实现。

如果 Magic Leap 的光场显示技术最终实现，它将是目前所能看到的所有 AR 设备里最好的一种显示方式。但是，将其设备进行小型化是目前最难的事情。目前 Magic Leap 还仅仅停留在概念技术求证阶段，机器不仅十分庞大而且笨拙，还需要连接多根从计算机引出的线缆，画面也比微软 HoloLens 模糊。Magic Leap 的第一款原型机约为冰箱一样大小，被他们的员工称为"野兽"。

3.4 专注工业应用的 Daqri

一、创业历史

Daqri 于 2010 年成立，2011 年 2 月正式发布其第一款 AR 平台，通过用智能手机扫描二维码，可以将图片、视频与手机摄像头取景进行叠加。其后，Daqri 致力于帮娱乐、教育及其他行业用户开发 4DAR 内容与应用产品。

2013 年 6 月，Daqri 在 Tarsadia Investments 的领投下，完成 1500 万美元的 A 轮融资；2014 年，Daqri 将其商业版图从 AR 内容扩展到了可穿戴 AR 外设设备，并着手研发 Smart Helmet 头盔；2015 年 2 月，Daqri 收购了 EEG 跟踪技术公司 Melon，同年 5 月又收购了 AR 技术公司 AR Toolworks；

2015年6月，Daqri在爱尔兰的都柏林开设了欧洲研发中心；2016年3月，收购业内知名AR头盔制造商1066Labs和英国的全息科技公司Two Three Photonics。目前，由Tarsadia Investments领投，Daqri已获得了1.3亿美元的投资。

二、提升工业生产效率的利器

与HoloLens希望在工业和家庭应用两方面双管齐下不同，Daqri的AR头显只定位于工业应用。这家位于美国洛杉矶的AR公司，想要用AR技术把工人武装成"超人"。

Daqri的AR头显名为Daqri Smart Helmet，核心元件包括第六代英特尔M7-6Y75处理器与一系列360度的感应器。Daqri采用了英特尔的实感技术（RealSense），简单来说，实感技术就是一套英特尔开发的搭载多种传感器的摄像头组件，它采用了主动立体成像原理，能够模仿人眼的视差。

Daqri的实感技术系统主要由3个传感器组成：一个集成的RGB摄像头、一个立体声红外摄像头和红外线发射器，通过左右红外传感器的追踪，利用三角定位原理来读取3D图像中的深度信息。实感技术的应用，能够改变人与设备之间的交互方式，让设备"看懂"人的眼神，"听懂"人的声音。

Daqri公司对这些技术进行深度优化定制，希望让工业领域，如石油钻井平台和制造业的工人等有更高的工作效率和更安全的工作环境。Daqri选择了透明的显示屏，外镀一层蓝膜，以适应室内、户外都需要有清晰视角的工业作业特性。此外，Daqri还特别在头显上集成了一颗热感应摄像头，专门用于检测工业设备运行过程中的发热量，然后再将数据以图像的形式，反映在AR显示屏上。

三、四大类应用场景，掀起下一代工业革命

Daqri的AR头显在工业操作中的应用有以下四大类。

1. 基本的数据监测

每台AR头显都像是一个中心控制室，能够让工人实时地检测到各项设备的指数和运行状态，工人无须跑来跑去进行测量或录入。

2. 热度的检测

主要是指运行设备的温度，通过头显上集成的热感应摄像头，让工人确保设备正常、安全地运行。

3. 设备操作指南

向工人展示设备各个环节的主要功能和结构，以减少训练工人的时间。只要根据显示器中叠加在实际设备上的图像，一个从来没有维修过管道的工人也可以顺利地完成任务。

4. 远程指导

通过对AR头显中画面和数据的分享，设备的维修师可以指导工人远程

作业，打破了双方地域的限制，也大幅地提高了作业效率。

目前Daqri的AR头盔已经应用在了一些高危工业领域，如石油和天然气行业。

3.5 Meta Glass：你的大脑就是操作系统

Meta公司成立于2012年，主要生产的产品是类似HoloLens的AR眼镜Meta glass。Meta给予其独特的光学结构和底层算法，已经在Meta 2上实现了90度的可视角。同时，在硬件上叠加了包含空间定位、系统平台和人机交互等基础功能，并且还在着力为开发者提供一套能够快速开发应用的开发系统套件。

从外观和功能的角度看，Meta 2与HoloLens的构造非常相似。与其他的头戴式AR设备一样，佩戴者需借助面前的一块特殊光学玻璃才能看到画面中随时变化的物体，并与之进行交互。

Meta2所呈现出来的清晰的3D图像可以被轻松地拿捏、移动和触碰。在AR购物演示中，当用户在亚马逊网页上指向一双虚拟的球鞋时，这双鞋可以从网页中"跳"下来，形成一个详细的3D模型。在这个模型里，用户可以从任何角度观看这双球鞋每一层的细节。

Meta AR头盔的最惊艳之处在于它将VR与互动相结合，构建出全息图像，使用户通过手势操作，进行抓取、点击、放大和缩小，就像《钢铁侠》中托尼·斯塔克（Tony Stark）展示的情境一样。

Meta的目标是让人与虚拟物品的互动成为现实世界的无缝延伸。很快，Meta的员工将彻底抛弃显示器，完全依靠AR头显设备工作。

3.6 0glass助力工业4.0

一、工业+AR的巨大前景

2017年5月18日，专注AR工业应用的深圳增强现实技术有限公司

（Oglass）宣布完成新一轮数千万元人民币的融资，领投方为三一重工旗下产业的基金明照资本，跟投方为铭道资本。同时，Oglass天使投资方和君资本也进行了跟投。据创始人兼CEO苏波介绍，未来Oglass的重点是继续深耕并专注AR技术和AR智能眼镜在工业领域的应用，继续研发工业级的AR智能眼镜和优化工业级AR算法，并针对工业领域中的不同应用场景进行定制化开发并提供相应的解决方案。

AR眼镜使用的模块与计算机的模块区别不大，所处阶段与计算机在20世纪70年代后期的水平极为相似，其路径也一定会按照上述路径发展。并且由于基础设施的完善，AR眼镜的每个发展阶段的时间还会缩短。真正意义上的"个人消费品"需具备两个条件：一是市场保有量大，二是具备消费黏性。但就目前情况而言，AR和VR对于消费者而言是好奇心多于刚需。

目前，Oglass眼镜已在国家电网、华为、西门子、江铃汽车和两个军工企业中进行了试点应用，应用行业覆盖了电力、汽车、航空和军事等。Oglass眼镜分为企业版和开发者版。在试点企业中，国家电网主要运用在巡检的指导和监督，提升效率的同时能够保障作业安全；华为与Oglass的合作是电路板检测，通过AR技术指导人工装配作业，提高了工作效率并提升了良品率；西门子与Oglass合作了AR远程标准化作业系统，通过使用Oglass AR智能眼镜传输数据，指导工程师进行设备的安装、维护和检修等工作；江铃汽车使用Oglass AR智能眼镜辅助工人进行新能源汽车的装配以及在4S店辅助技师进行维修等工作，解放工人双手的同时，也使得工作更为标准化、规范化。

二、重量轻、运算快、续航久且价格低的Oglass Danny

Oglass的第二款产品Oglass Danny具有重量轻、运算快、价格低、续航久四大特点。

1. 重量轻

Oglass Danny采用轻量工业级材料和墨镜式分体机设计，主机仅包含核心的显示模块、摄像头模块和传感器模块，运算模块和电池模块则做成了独立的外携设备，这样Oglass Danny整机重量就被严格控制在65克的轻量级标准内。有调研显示，当佩戴的眼镜重量超过75克时，人就会产生生理不适感。

2. 运算快

为保证运算速度，减少延迟感，Oglass Danny采用了英特尔的Apollo芯片。Oglass是国内第一家将英特尔的CPU用到AR智能眼镜上的企业。此外，因维修场景中涉及成千上万个零部件，有海量的数据需要传输，Oglass还创新性地采用了Type-C接口用于数据传输。

3. 价格低

一直以来，AR眼镜的光学引擎设计都是开发的难点，也是直接影响这类设备量产能力和成本控制的关键因素。Oglass Danny采用双目自由曲面光学成像方案，成像清晰、视场角广，自由曲面芯片的生产工艺相对成熟，良品率可以达到80%，整机价格控制在5000元至8000元人民币，相当于一台中高端个人计算机的价格。

4. 续航久

第一代 Oglass EP 内置1160mAh 的电池，而 Oglass Danny 通过将电池模块外设，电池容量扩容至9000mAh，支持满负载运行10个小时以上。

目前，Oglass 已申请50多项专利，其中三分之二是发明专利。已披露的部分包括：多层式 AR 智能眼镜、一体式双目 AR 智能眼镜和用于 AR 智能眼镜的用户友好型固定系统等。而未披露的专利，则涉及交互、光学、算法和 SLAM（即时定位与地图构建）等多项核心技术，这些也是 Oglass 的竞争核心所在。

三、Oglass AR 智能眼镜助力"PSS"系统

通过将 AI 技术、AR 智能眼镜和 AR 技术结合而设计的 Oglass AR 智能眼镜工作辅助和培训系统"PSS"，包含"实时指导""透明管理""个人教练"和"知识沉淀"四大模块。

1. 实时指导

结合知识手册，利用 PSS 中间件 SDK，可半自动生成实战型指引内容或课件，通过云部署、Saas 服务器或本地存储，工人可以随时随地用语音调用并以文字、图像、语音和视频等形式予以呈现。这样既解决了工人的记忆问题，也将促进流水线模式向"流线化生产"演进。"流线化生产"是指一位工人同时操作多台不同制程的设备，是精益生产的重要内容，可减少人员的调配成本，提高整体的工作效率。

2. 透明管理

管理人员可通过 AR 智能终端设备对工作过程中从人到物的各个环节，

进行可视化控制和智能化管理，及时发现待改进之处给出建议，并对员工的绩效进行客观评价，实现了提前预防、实时解决问题式的智能化管理。以拧螺丝为例，根据标准操作规范，拧10圈才合格，工人只拧8圈，就直接进入下一道工序。AR智能眼镜结合机器识别算法及手势识别技术发现问题后，会提醒工人纠正错误动作，如果对方置之不理，预警信号将直接发送至主管的手机上，提醒其到场处理。

3. 个人教练

将工作程序导入AR智能眼镜工作辅助系统内，结合AR技术，将工作过程及要求可视化，让工作流程规范化，让学习场景与工作场景无限接近直至重叠，真正地实现互动式、沉浸式的场景与模拟训练，强化培训重点，改变对培训效果的评估模式。

4. 知识沉淀

对一线员工的维修大数据进行实时收集与分析，让辅助工作系统成为维修知识管理的过滤器及沉淀器，实现知识管理的智能化。

3.7 悉见 SeengeneX：开启文、娱、旅体验新时代

一、洞悉所见的使命与布局

成立于2015年的悉见科技取名自"洞悉所见"，寓意用科技完善人类"看"与"知"的机能，是一家专注于用AR和AI核心技术打造时尚生活方式的AI公司。2016年至2017年，悉见获得多轮融资，其主打AR智

能眼镜SeengeneX1在拉斯维加斯CES 2017上首次亮相就成为明星产品。SeengeneX1的工业设计、交互设计、硬件设计研发、系统研发等都是悉见自主创新研发，已积累了数十项核心技术专利，一举在AR眼镜几大关键问题上有了重大突破和提升，在算法、轻量化、视场角、视觉效果、功耗散热控制、工业设计及交互设计等方面的表现优越，成为AR+时代的领跑产品。

悉见成立之前已有数年的技术和资源积累，在三维空间场景感知与定位、实时多物体识别追踪、精确室内外导航等核心技术上取得世界领先的水平。悉见总部位于北京，并在美国硅谷、芬兰赫尔辛基、深圳、南京、西安等地设有研发中心或子公司，同时与北京大学、清华大学、中科院、北京工业大学、中央美术学院等多所著名院校成立了联合实验室或联合研发机构，在推动AR与AI领域产学研的共同发展上走在了世界前沿。

二、SeengeneX相关产品体系

悉见已逐步形成以AR×AI核心技术为基础的、属于LBE（Location Based Entertainment）和FEC（Family Entertainment Center）两大业务线的7个子品牌，如SeengeneX系列AR智能眼镜、Momentos智能眼镜、XARC内容平台、悉游纪AR、Liwa智能AR艺术相框等。

其中，SeengeneX系列为主打AR眼镜产品，目前主要面向文、娱、旅的B端销售，第一代共有4个型号：X1 720p、X1Plus 1080p、X1S 720p、X1SPlus 1080p，整机重量包含电池等所有模组共166克，眼镜式设计（非头盔）的佩戴体验非常舒适，符合人体工学设计，体验过程中还有很多亮点，如左右眼不同近视度数支持、记忆泡棉及无纺布防脏防汗、亲肤软硅胶鼻托的高度可调节等精心设计，可谓匠心独具，将美学与科技融为一体。

SeengeneX的系统采用悉见科技自主研发的XIUI OS AR操作系统，是基于Android的开放平台，并且针对眼镜做了完整的交互及界面设计。

三、AR×AI定义未来生活方式

很多人会认为互联网之后是物联网，悉见认为更重要的是物理连接上无处不在的AI，以及终端处有无限可能的AR。人类文明的发展速度是指数级的，而硅基文明的指数级增长又对碳基文明产生叠加效应，造成了超指数级增长。农业革命两千年产生的文明总量只是工业革命200年的1%，而工业革命200年产生的文明总量将只是智能革命20年的1%。

2016年至2036年被称为"弱人工智能时代"，以AR和AI为首的科技给人带来的改变会是超乎想象的，AR和AI的结合，将人们从平面的小屏幕中彻底解放出来，用最直接的感官和最短的回馈路径，感受和回应我们所处的世界。消费升级的最核心元素就是体验的提升。人们不再着眼于价格的高低，而关注消费场景是否能给自己带来超预期的高品质体验，AR、AI技术的成熟是体验提升的首要承载。

悉见倾力打造的"体验式场景"，可以认为是未来生活方式的试验田。现在，在博物馆、艺术馆、景区、特色小镇及主题乐园里的MR场景体验，会逐渐渗透到工作和生活之中。

真正的AR并不是简单的在现实场景中叠加一堆虚拟成像，最重要的是交互（虚拟与现实的交互、人与现实的交互、人与虚拟的交互、人与人通过MR与虚拟的交互）。那时是"见所想见的世界"，那时的人们分辨不出"虚拟"与"现实"，也没有必要区分，因为"存在即被感知"。

3.8 AR眼镜大全

除了前文提到的几款典型的AR眼镜，其实还有很多其他公司也在研发生产不同领域的AR眼镜。

表3-1　国内外AR眼镜产品一览表

序号	名称	公司	简介
1	Atheer眼镜	Atheer	定位商务市场，其目标群体包括特殊维修行业、流水线生产、医护行业和测量行业等，基于Android开发，兼容超过100万个Android应用
2	New Glass	联想	"中国版Google Glass"
3	InfinityAR眼镜	Infinity	获得阿里巴巴集团的1500万美元的投资
4	SmartEyeglass	索尼	有导航、拍照和语音交流等功能
5	Moverio BT-100、BT-200、BT-300	EPSON	应用在博物馆、医疗、物流和制造业等
6	镜哥哥	珑璟光电	点名时间进行众筹
7	PMDARGlass Eyephone-B Pro	蓝斯特科技	用于远程协助、远程医疗和仓储物流
8	DreamWorld	DreamWorld	其消费场景有旅行、游戏、网购
9	HiARGlass	亮风台	一款光学融合AR、双目显示的基于视觉AR眼镜，实现了立体全息成像效果
10	X1V3	悉见科技	从文化旅游行业切入，打造行业解决方案
11	影创Air 影创Halo	影创科技	主要的应用场景包括B2B2C、维修、仓储物流、展览展示和教育
12	Magic Glass	鼎界科技	唯一支持亚米级北斗卫星智能导航的同类产品
13	日立AR眼镜	日立（HITACHI）	设备维修、设施管理服务提供、国内和海外的工厂和水处理、运输设施运营商、社会基础设施等
14	易瞳VMG	易瞳科技	基于视频透视技术

（续表）

序号	名称	公司	简介
15	Vuzix M100	Vuzix	提供工业和军工领域的解决方案
16	GLXSS Pro	亮亮视野	主攻医疗和安防
17	Remote Eyesight	英特尔	旨在为企业协同提供安全、低价、无需动手以及 AR 等技术特性的视频功能
18	Evena Eye-on	Evena Medical	让医生和护士观察患者皮肤下的静脉
19	Revdo 头盔	RevdoAR	AR 摩托车头盔
20	简观	行云时空	在家庭娱乐，远程教育和智能导览等领域
21	XLOONG 运动智能眼	枭龙科技	专门针对运动领域的智能眼镜
22	CoolGlass ONE（酷镜）	奥图科技	产品定位于酷玩人群
23	R-7/R-7HL	ODG	石油勘探和生产、能源、矿业、化工、制药、设备制造
24	ESPACETIME	智视科技	为双目的自由曲面方案，续航 3 小时
25	Senth IN1	知境科技	专为骑手打造，集导航、拍照、通信、娱乐等多种功能于一身
26	SeeU 智能眼镜	看见智能科技	用于移动直播
27	AlfAReal	众景视界	运动领域，具有温度、湿度和气压传感器，Eye Motion 眼动感应器
28	Rui glass 百宣睿镜	百宣微云	军警、医疗、旅游、运营商渠道
29	MAD Gaze	创龙智新科技	类 Google Glass 眼镜
30	创玄眼镜	创玄微科技	类 Google Glass 眼镜，价格便宜，主打消费市场
31	P-Wolf Glass（悍狼）	中科沃尔	执法取证系统、执法指挥调度和监考解决方案
32	Lenovo Glass C1	云视智通	类 Google Glass 眼镜
33	牛视智能眼镜	牛视科技	已倒闭
34	Recon Jet	Recon	针对运动领域，用户群体明确界定在跑步和骑车锻炼人群

（续表）

序号	名称	公司	简介
35	RealSeer	RealMax	AR盒子，需要配合手机进行体验
36	ARBOX	光场视觉	价格很亲民，只需人民币300多元
37	Woglass	炬视科技	主要应用于工业领域
38	J-Reality	Jorjin佐臻股份	独立的安卓无线产品
39	昊日幻镜	昊日科技	AR盒子
40	castAR智能眼镜	CastAR	已倒闭
41	指触3D智能眼镜	指触文化传媒	用于博物馆和景区导览
42	Avegant眼镜	Avegant	采用光场显示技术
43	Mira Prism	Mira	让iPhone变身成为AR头戴设备的AR盒子

目前看来，AR眼镜因为技术和市场等多种因素的影响，还需要一段时间才能成熟。当前，最成熟的AR平台还是手机。

◇◇◇◇

第2篇

AR的行业应用

AR作为继计算机和手机之后的又一个计算平台，具有更为广泛的应用场景，可以与很多行业和领域进行结合。

军事领域：部队可以利用AR技术进行方位的识别，获得实时所在地点的地理数据等重要信息。

教育领域：目前，比较典型的产品就是AR绘图本，在绘图本上涂上颜色后，呈现出的立体图像的相应部位也会显示出相应的颜色，可以激发孩子的好奇心，使绘画更有乐趣。另外，AR还可以运用于医学教育等领域。

医疗领域：医生可以利用AR技术轻易地对手术部位进行精确定位。

第4章 站在风口的AR教育

AR技术的3D立体和虚实融合等特性可以让教学和学习过程更生动、有趣，能有效地提升学习效果。下面就是一些精彩的AR教育应用（大部分是免费的），让枯燥乏味的物理、地理、数学等科目学习起来趣味十足，就像玩游戏一样轻松。

4.1 有AR教育应用，妈妈再也不用担心我的学习了

一、FETCH! Lunch Rush：不知不觉就学会了高深的数学

PBS KIDS推出的"FETCH! Lunch Rush"是一款AR应用，旨在通过可视化的方法帮助低年级学生学习数学。在智能手机上启动"FETCH! Lunch Rush"后，学生们可以用手机摄像头拍摄3D照片。这种可视化的方式可以利用真实的生活场景帮助学生学习加法和减法运算。

该应用的具体使用方法如下。

1 PRiNT & CUT

Print & cut these game pieces. The numbers are the answers to Ruff's questions. (Look for the numbers that match the ? on the screen.)

1　将游戏图案打印出来并剪成一块块

2 SPReaD OUT

Spread them out, high or low. Across the floor is best if there's room to run!

2　将游戏图纸分散到各处

3 TaP

Tap the game icon on your phone.

3　在手机上打开游戏应用

4 SeT UP

Pick how many people are playing and pick your names.

4　选择游戏人数，设置你在游戏中的名字

5 PLaY

Ready? Ruff will give you orders for food. Look through the camera in the phone. Find the game piece that has the right number of food items on it. Tap the food items to send the order to Ruff.

5　开始游戏，找到对应的游戏图片

下载该应用后，扫描下面的图片就可以玩了。

"FETCH! Lunch Rush"是专为iPhone、iPod Touch和iPad设计的AR应用，也是PBS KIDS推出的第一款AR应用，可在App Store免费下载。

二、AR沙盘：可以互动的虚拟地理

LakeViz3D项目设计了一款AR沙盘，含有一台主机、一个投影仪和一台安装在沙盘上方的动作追踪设备。当学生在沙盘中堆丘陵和山谷时，投影仪会将等高线和高度图投射到上面；当学生把手掌放到山顶上时，虚拟的雨水便会倾盆而下，穿过山峰和山谷，形成溪流。这个AR沙盘采用了探索性的学习理论，让学生自主地创造各种地理形状，直观地学习地理知识。

具体使用场景是这样的：学生在一个盒子里使用耙子刮沙子，形成了丘陵和山谷。在盒子的上方，一个微软Kinect摄像头会自动测量它与沙子的距离，并在沙盘上投射出等高线和色彩，冷色为洼地，暖色为山峰。

　　随着学生不断地把沙子推向山峰的周围，颜色开始发生变化，形成了绿色与橙色的岛屿以及蓝色的海洋。当学生把手掌放在山顶时，虚拟的雨水便会倾盆而下，最终穿过山峰，流入蓝色的海洋中。

　　借助这款AR沙盘，许多庞大、缓慢且复杂的地理学习过程能够变得更加明显和有形。

　　老师们可以使用AR沙盘展示一系列的互动地球科学概念。例如，让学生构建地表上各种各样的地貌特征，解释这些地貌特征是如何通过各种各样变化产生的。AR沙盘可以帮助学生在地文地质学实验室中清楚直观地解释等高线和可视化的3D景观。在雷德兰兹大学，地质和自然灾害课的导师们发现AR减少了空间学习的障碍，能够帮助学生培养理解地形及其应用的直觉。

三、Anatomy 4D：让医学生学习解剖更方便

　　Anatomy 4D这个AR应用可以让高中学生利用闲暇时间仔细研究人体骨骼，从不同的角度去看，可以放大、缩小，还可以自由旋转。学生还可以选择观看肌肉系统、神经系统或者循环系统。在一张纸上，AR技术呈现出

栩栩如生的骨骼3D效果。学生们可以用iPad作为显示设备，从不同角度来
观看骨骼系统，从而可以详细研究某些特定的骨骼。

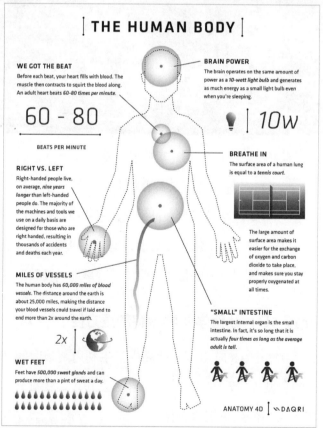

另外，新西兰奥塔哥大学的研究团队研发出了一个AR应用，学生可通过手机扫描非处方药，然后就可以看到药品的主要成分，还可以转动3D模型以更好地观察药物、查看药物的化学结构。这个应用可以让学生可视化地感受到药物的作用必须与机体内的接受物质结合才能发挥药理作用。AR在医学方面的应用还有"Curiscope"的人体骨骼T恤和展示3D立体心脏的"Human Heart"等应用。

四、Spacecraft 3D：让你近距离观察外太空

美国国家航空航天局（NASA）的喷气推进实验室（JPL）研发出了一款AR应用——"Spacecraft 3D"，它可以让航天迷们"近距离"观察宇宙飞船和外太空探测，且通过运用AR动画展示整个宇宙飞船的运动，让使用者去移动这些飞船的外部组件。

用户只要先在一张普通白纸上打印出图像标记（或者直接扫描计算机上的图像也可以），然后将手机上的摄像头对准图像标记后就可以在手机屏幕上看到各种航天器的3D模型了。

4.2 面向教育机构的AR解决方案

现在市面上面向C端消费者的AR教育产品可谓各式各样、种类繁多，有AR卡片、AR涂本、AR地球仪、AR绘本和AR地图等，并且不断还有新品出来。相比热闹的C端AR教育产品，B端的AR教育产品和服务相对较少，用户也较少，处于一个更加初级的发展阶段。下面盘点一下市场上的面向B端的AR教育解决方案。

一、zSpace：学生们上课再也不枯燥了

zSpace是一家致力于利用AR和VR技术增强学习效果的公司，其产品可以让老师、学生与3D教学场景进行交互，提供更加直观的教学体验。从zSpace覆盖的学习领域来看，目前Zspace的产品主要针对医学教育、STEAM教育以及其他的理科类课程，教学材料涵盖了物理、工程学、生物学、化学和地理学等学科。学生带上眼镜，通过zSpace提供的触笔，就能完成立体的人体解剖和地质解构等操作。值得注意的是，针对医学教育和STEAM教育，Zspace配套开发了一系列普通教育应用软件，包括制作模型的3D工作室，进行电学和力学实验的物理实验室，欧几里得图形数学体验软件，以及艺术设计和人体解剖等一系列教学场景。

从AR教育系统构成来看，zSpace的解决方案包括硬件系统和软件系统两部分。从技术上看，zSpace的特点在于跟踪和展现，zSpace的眼镜能够不断地根据使用者的角度展示图像，让虚拟物体看起来更真实，同时还能够用触笔移动物体，展现的功能则通过AR完成。通过从使用者和网络摄像头两个角度采集的图像，zSpace开发的名为zView的AR技术能够使学生在学习的过程中与同伴分享在zSpace上所看到的一切。

二、科大讯飞：One-FLYAR交互实验台

说起科大讯飞，大家首先想到的是其语言技术、AI和讯飞输入法等。实际上，目前科大讯飞的大部分收入来自于教育解决方案的销售。因此，科大讯飞进入AR教育领域是非常顺理成章的事情。

科大讯飞的AR教育产品是由其子公司讯飞幻境研发、运营的。讯飞幻境依托科大讯飞强大的AI技术基因优势，在独立发展的6年中，积累了近百万教育用户。目前，讯飞幻境的虚拟仿真类产品已在全国拥有一百余家落地院校，为院校师生提供支持三维仿真课程的教具。在沉浸感更高的VR类产品方面，讯飞幻境与多家学校达成了合作，搭建了3D+全息+VR的可视化教学体系。其AR教育解决方案包括硬件、软件和课程内容3个方面，名为One-FLYAR交互实验台。

将实训内容以3D图形化展现，让教具、实训环境和实验课题3D模块化，以堆积木的形式进行相关课题的实训。通过多个二维码控制器控制整个3D实训内容，实现交互，提升产品的体验感受。为师生呈现生动、形象的教学内容，让实验更快乐，让学习更高效。

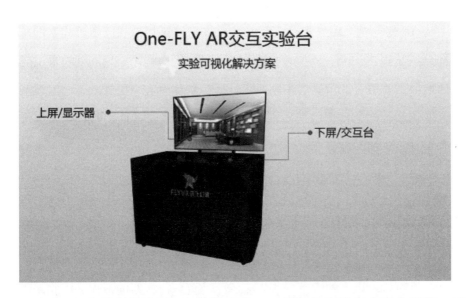

这套AR实验台解决了3个教学痛点：一是某些实验存在安全风险；二是教师实验演示太复杂，后排学生看不清；三是实验课成本高、组织难。

三、Lifeliqe：酷炫的HoloLens学习体验

Lifeliqe公司致力于体验教学，为6年级到12年级的学生提供3D应用程序，即通过使用VR和AR设备来提供交互式的内容，开展MR教育应用，增加现实教学的趣味性。

Lifeliqe使用的是自己开发的AR教育应用，它的交互式3D模型能给学生提供一种新型的视觉学习方式，如探索人体器官和血管。

四、中兴教育：千里之外的远程光学实验

每到实验课，很多学生就会隐隐犯怵，尤其是理工科学生必做的光学实验，最难的不在于实验分析和报告撰写，而在于设备调试，光路无法用肉眼看清楚，这就导致了教学过程的低效。

AR解决了这个问题。2016年1月15日，北京和海南三亚两地进行了国内首次基于AR技术的远程教育平台实现的远程互动实验教学。此次教学由中兴教育和亮风台合作，在无真实设备的情况下呈现实验过程及结果，将本不可见的实验效果可视化，增加直观度、降低成本和风险的同时，带来了交互式教学的全新体验。

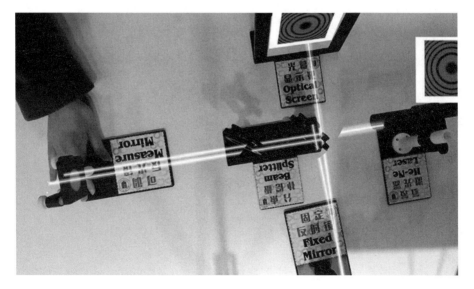

上图是迈克尔逊干涉实验效果，整个设备由光幕显示靶、可调反光镜、分光补偿板、固定反射镜和氦氖激光器构成，图中可见的光路就是使用AR

技术所显示的，它的位置和方向可以随着实验设备的调节而调节，相应的实验结果也会实时同步在显示屏上。无论是老师还是学生，都可以方便地展示或理解实验结果的形成过程。

目前实验教学有两个最大的痛点：一是学生对实验仪器不熟悉，调试的时候没有反馈，浪费了大量宝贵的学习时间；二是老师在教学的时候，无法为学生形象地展示实验过程，学生也无法交互难以记住、理解。

AR技术正好解决了"教与学"的两大痛点。首先，学生可以根据AR光路反馈，对设备进行有方向性地调节，帮助他们更快地找到产生正确实验现象的位置；其次，教师在教学的过程中，不再需要视频的演示，可以自行掌握学生的理解程度，进行互动式教学，并邀请学生加入到教学中，以加深他们的理解。

整体来看，B端AR教育还存在很多的问题，难度比C端更大。因为消费者可以接受一个类似玩具的、不成熟的AR教育产品，但是学校和老师的要求会很高，需要提供AR教育解决方案的公司整合流畅的AR硬件、适合教学场景的AR软件和丰富多彩的AR课程内容，每一项都是巨大的挑战。不过，目前学生和老师对AR课堂都给予了比较正面的评价，说明AR课题教育是非常有价值和前景的，未来必然会有重大突破。

4.3 AR教育的六大好处

谷歌推出了AR未来课堂计划；微软的AR头盔HoloLens已经和多家教育机构合作，正将AR应用于大学、医学教育培训等教育场景；苹果公司推出ARKit开发平台，一跃成为最大的AR平台，预计会有一大波AR内容企业会利用ARKit开发各种AR教育内容。那么，AR到底能给教育行业带来什么好处，从而吸引了这么多科技巨头和创业企业进入AR教育领域呢？

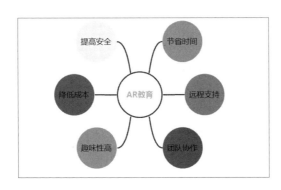

一、降低成本

有了AR技术，很多课程所需的实体物料就不需要了。例如，在上人体解剖学课时，通过AR可以呈现3D虚拟人体，使用者可以控制操控，观看三维立体图像，老师就不需要再带人体模型了；在生物课上，采用AR卡片的讲课方式，学生能更直观、生动地了解生物结构，可以大大减少生物标本的采购成本。

二、趣味性高

因为AR呈现的内容全部是3D立体的，非常生动、直观、形象，有助于学生理解和记忆。借助AR技术，学生们的课堂体验从2D跃升到3D，看到的不再是图书或黑板呈现出的平面内容，而是栩栩如生的三维内容。对动物、植物和日常用品等原本就是现实中可见的三维物体，学生们不需要再从平面2D形象中脑补3D形象；对于电波、磁场、原子和几何等抽象或肉眼不可见的内容，AR可以将其可视化地展示出来，形象的教学代替了枯燥的理论，非常吸引学生们。另外，AR的可视化、互动性可以自然地设计出非常吸引人的游戏化教学内容，寓教于乐，从而大幅度提升学生们的学习意愿、激发学习兴趣，提高学习效果。

三、团队协作

当学生们用AR技术去学习的时候，他们不再是死记硬背，而是去体验学习内容，并且可以以团队协作的方式参与到教学中。AR能够给学习者一个特殊的空间，让他们感觉到跟其他人或其他事物同处一个位置，这种存在感可以加强学生对学习社区的认知。

协作AR已经在企业的商业运作中产生影响，同样在教育行业它也有重要的用途。AR的一个巨大好处就是可以让感知和经验水平不同的群体能够处在同一起点上。通过融合虚拟数字图像叠加到物理世界里，AR教育使得分散在不同地点的学生可以轻松协作，仿佛就在同一个教室学习一样。

四、远程支持

AR可以让不同地区的老师、学生聚集在一个虚拟课堂中上课，并且达到真实、实时的互动。因此，很多大城市（北京、上海、广州、深圳）的优质教育资源就能以非常低的成本倾斜到三四线城市或农村等教育欠发达地区，甚至可以让偏远的山区小学的学生也能享受到名师的指点。

五、节省时间

在以往的教学中，老师往往先用PPT或视频等方式进行虚拟的讲解，然后再拿出实物进行观察。有了虚实融合的AR技术，很多数字化的教学内容可以直接融合到实体教学物品上，为教师带来巨大的方便，使他们不需要在虚拟和现实之间进行反复切换，从而节省了大量时间，提高了教学的再效率。另外，传统教学中，不同学生之间的学习水平差异很大，教师想要做到因材施教的个性化教育需要耗费大量时间，AR技术可以轻松地帮助老帅实现个性化教学。

六、提高安全

化学、物理等学科在教学过程中需要做实验，具有一定的危险性。借助AR技术，可以进行虚拟的实验，同时获得同样的效果。这样教学中的风险就大大降低了。

正是因为AR技术有这些优势，我们相信未来AR将渗透到教育的各个角落，为教育行业带来一场影响深远的革命。

第5章 当新闻出版遇上AR

新闻出版的本质是内容和信息，而手机、平板电脑和AR设备都是一种信息呈现的载体。另外，AR技术也是信息呈现的一种形式。内容呈现形式的改变会带来内容的变革，就像计算机的出现产生了网络文学、手机的普及带来了短信等。AR这种新的叙事方式必然也会带来独特的新闻出版内容和体验。

5.1 传统新闻出版的衰落与数字出版的崛起

中国广告协会报刊分会和央视市场研究（CTR）媒介智讯最新发布的《2015年1—12月中国报纸广告市场分析报告》显示，报纸广告数量的下降始于2012年，当年下降了7.3%，到2014年下降了18.3%，而2015年则大降35.4%，呈现出"断崖式"跳水趋势。4年连续下降，降幅越来越大，与2011年相比累计降幅达55%，报纸广告数量已经被腰斩。另外，2015年全国报业用纸量下降18%，这是由《中国新闻出版广电报》公布的数据，用纸量反映的是报纸的销量，换句话说就是大部分的报纸销量在下降。《云南生活新报》《湖南长株潭报》和《上海商报》等一系列报纸、杂志休刊。难道报纸真的不行了？报纸还能存活下去吗？

与此相反，数字出版正快速增长。据调查，五分之四的智能手机用户会在醒来后15分钟内查看他们的手机。新闻出版的未来在于争取受众的注意力，而移动设备拥有这一优势。移动设备用户约有一半的时间花费在应用程序（App）使用上。目前，超过30%的用户将移动设备作为其接触媒体的唯一渠道。根据普华永道会计师事务所的数据，2014年付费数字发行量增长56%，过去5年来增长超过1420%。

据中国新闻出版研究院在年会期间发布的《2015—2016中国数字出版产业年度报告》显示，2015年我国数字出版产业整体收入比2014年增长30%。数字出版产业收入在新闻出版产业收入的总比重由2014年的17.1%升至20.5%。2016年我国数字出版营业收入达到了5300亿元人民币，较2015年增长20.4%。

可见，新闻出版行业的未来在于数字化，融合传统出版与数字出版。而AR技术可以很好地将实体出版和数字化结合起来，将成为出版业的一种重要形式。

5.2 脑洞大开的AR新闻出版案例

一、哈利波特魔法书：真的有魔法

《哈利·波特》（Harry Potter）的作者JK·罗琳（J. K. Rowling）和索尼共同推出了AR书籍和电子游戏。她认为魔法书《咒语之书》是"麻瓜们"所能看到的最接近真实的咒语书。在哈利·波特世界中，《咒语之书》由米兰达·戈沙克（Goshawk, Miranda）编写，距今已有超过两百年的历史。这本书存放在霍格沃茨图书馆的禁书区，书中包括"漂浮咒""造水咒""魔杖发光咒""生火咒""收缩咒"等几十种咒语。

借助 PlayStation Eye 摄像头,《咒语之书》可以给玩家带来 AR 的体验,让书中的事件好像就发生在他们身边,还允许玩家操练这些咒语,玩家可以拿 PlayStation Move 魔杖互动,让玩家在现实中用魔杖施行书上的咒语。

例如,念起"除垢咒"时,用魔杖指着海德薇的笼子,清理一新,几片羽毛和一些粪便顿时消失了。而"硬化咒"能将一个物体变成坚固的石头。但大部分人似乎只会用这个咒语来破坏他们同学的书包,或者在别人朝着南瓜馅饼咬下去之前把它变成石头。

当读者与书进行互动时,AR 魔法会让"龙"从书中跳出来,在你的房间中飞窜,而且这本书甚至会"着火",要求玩家使用手势来灭火,火焰熄灭后还会留下烟尘。

不过作者风趣地在每章的最后加入了一首诗,讲述一个霍格沃茨学生施咒失败的故事,以起到像《伊索寓言》那样的警示作用。

二、《纽约时报》：用AR讲新闻

《纽约时报》旗下的 T Brand Studio 与 IBM 合作推出了一款全新的 AR 应用——"Outthink Hidden"，灵感来自于20世纪福克斯的电影《隐藏人物》。

《隐藏人物》讲述了关于20世纪60年代太空竞赛期间3位非裔美国女性数学家的真实故事。她们对航天轨道的突破性计算为宇航员约翰·格伦（John Glenn）成功绕地球轨道飞行做出了巨大贡献。

对于Outthink Hidden，T Brand Studio进一步挖掘了该故事。如同虚拟博物馆一样，观众将能够探索一系列的3D计算机图形渲染画面、书面历史及音频和视频叙述。

三、《成都商报》：搞搞新意思

2010年9月，《成都商报》设立了一个新部门——新媒体实验室，负责研究传统报纸如何与移动终端进行连接，为商报向新媒体转型探路。2012年，新媒体实验室开发了基于AR技术的立体化纸媒业务平台"拍拍动"，使读者能够使用智能移动终端对报纸上无缝集成的多媒体和三维立体内容等进行自由阅读和互动，完成传统纸质媒体的一体化升级。

"拍拍动"的操作十分简便，下载安装完成后，点击"拍拍动"图标，打开软件，将摄像头对准《成都商报》上带有气泡状"拍"标识的图片，软件就会自动开始缓冲视频。待视频缓冲完毕后，用户点击屏幕上出现的播放按钮，即可看到纸面上的图片动起来。并不是所有图片通过扫描都能产生相应效果，图片需要进行预先处理才能够实时展现虚拟内容。在可以扫描的图片上，设计人员特别制作了带有"拍"字的气泡状标签。

"拍拍动"可以让平面图像在二维空间中活动起来，形成犹如魔幻小说中的魔法报纸一样的效果。"拍拍动"可以让一张反映瞬间的新闻图片动起来，演示那瞬间发生的全过程；可以让一张肖像开口说话；可以让一条静止的河流动起来，呈现上百年来的地质变迁。翻开体育版，你可重温运动员夺冠的瞬间；翻开娱乐版，它可以重现你昨晚错过的演唱会场景；翻开新闻版，它可以动态呈现灾难事件的发生过程。通过"拍拍动"，读者能够从一幅图像上获得更多有价值的信息，感受全新的信息阅读体验。

2014年9月6日，《成都商报》的另一款AR产品"悠哉"问世，包括可扫描条形码、二维码、二维图像、三维实物、GPS和面部识别等强大功能，打造更智慧、更悠哉的成都生活。"悠哉"是一款搭配《成都商报·大周末》

的AR互动应用，可以为读者带来全新的互动阅读体验。

《成都商报·大周末》不仅提供精美的图文，还可以让读者用手机方便地扫描出报纸背后精彩的生活资讯。当读者阅读时，报纸上的图片带读者进入海量云端内容；当读者在餐厅用餐时，菜单上的美食就会向读者呈现它的制作过程；当读者打开信箱翻看直邮广告时，看中哪款商品就可以直接下单；当读者在美术馆中徜徉时，用手机对着画作拍一下，就能了解作品的创作背景和作者的更多信息；当读者在旅游景区漫步时，用手机拍摄路牌就相当于找到了贴身"导游"，它会向你讲述景点的故事。

四、中信出版社：科学跑出来

《科学跑出来》系列图书，是一套结合了AR技术和科普知识的儿童读物，由中信出版社旗下的童书品牌"小中信"引进出版。从2016年1月起在国内上市，半年的销量就超过50万册，成为一本"现象级"的童书产品。

把智能手机等移动设备的相机镜头对准《科学跑出来》系列中的《恐龙跑出来了》实体书，不同种类的恐龙顿时活生生地出现在你面前，会奔跑、打架、发出嘶吼；《太阳系跑出来了》让你把八大行星放在手上转动，还能操控火星车，发射激光枪；《龙卷风跑出来了》则带你身临其境地感受沙尘暴、海啸、地震和龙卷风等极端自然现象。读者们还可以拍下夸张、有趣的特效合影和亲朋好友分享。

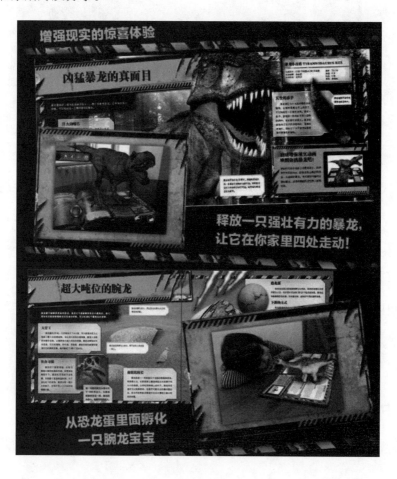

《科学跑出来》这种方式让知识变得立体、可感知。丰富的互动体验，鼓励儿童去亲身探索，不仅能调动他们亲近科学的兴趣，也加深了学习印象，可谓是寓教于乐。

在《科学跑出来》之前，国内已经有许多AR儿童图书面市，但是都销量平平。"小中信"的调研发现，之前的产品技术非常不成熟，科普知识体系也不完备，最重要的互动性和参与感都比较弱。

高质量的3D效果和深度开发技术是《科学跑出来》在市场上脱颖而出的关键因素。这套书的原版由英国Carlton图书公司策划，曾荣获"2013英国图书设计与制作奖"和"2015英国图书奖最佳交互多媒体图书"等多个奖项，在全球的累计销量达到150万册，畅销全球30多个国家和地区。

中信出版社副总编辑、"小中信"创始人卢俊表示："《科学跑出来》的畅销，带动了全国很多家AR+出版企业的业务增长，很多出版商都开始考虑在儿童出版和教育出版中加入AR技术，来提升阅读和学习的效率。"他认为，下一个知识分享新浪潮也许就始于AR+出版。

五、海天出版社：活起来的科学

《活起来的科学 童喜乐AR/VR魔幻互动百科》系列图书是深圳市鹰童文化科技有限公司与深圳海天出版社合作出版的AR和VR科普百科类童书。作为深圳市文化创意产业发展专项资金支持项目，该套童书内容涉及动植物、自然、海洋、地理、太空、建筑和交通等孩子们感兴趣的科普主题，结合领先的AR、VR技术，以儿童心智启迪与互动教学为起点，多元开发儿童科学阅读，让孩子通过翻页、点触、寻找和揭秘的玩耍过程来学习知识，使他们展开想象，萌生对科学的兴趣。

在图书配套的App中，设计了"百科讲解""场景互动"和"一键拍照"等多种互动游戏，并配有特效场景功能，孩子们除了能在书中读到有趣的科普知识，还能够通过手机或平板电脑体验到书中"活起来"的内容，身临其境地探索科学。

2016年是AR和VR技术的爆发之年，国内多家出版社都在积极进行AR和VR技术在出版行业的探索，童喜乐魔幻互动百科图书的出现，无疑将AR图书的行业标准大大提升，加快了童书数字化出版的发展脚步，是科技与文化融合的又一优秀范本。

5.3 AR出版的盈利模式

总结来看，现在已经有4种通过AR出版来盈利的方式。另外，也希望能够找到更多决定AR出版成功的关键要素，下面是四大盈利模式的具体内容。

一、提升广告的价格

AR出版要想收入最大化，最主要的方式就是对出版物中的广告进行提价。一般出版物的广告刊例价按照一般价收取，含有AR的出版物就要单独额外收取了，包括里面的视频、幻灯片、链接指向的网址或者社交分享平台。有些出版物甚至创造了完全互动性的3D动画和游戏。

Conde Nast就在《VOGUE》杂志中应用了AR技术，读者非常喜欢，杂志大卖后，出版商便立即开始对广告进行提价。

不仅是时尚炫目的杂志，报纸也开始应用AR技术。加拿大的报纸出版商Glacier Media因为在其报纸中增加了AR广告，预计可以增加750万美元的收入。当出版商希望通过增加额外价值来提升广告价格时，AR是一个特别合适的技术，因为它可以容纳更多内容并且成本相对较低。

AR可以为出版商带来巨大的额外收入，但是几乎不需要新增多少成本。既不需要新建网站也不需要做iPad版本。AR技术可以极大地扩充传统的广告内容，构建竞争优势，带来更可观的收入。

二、收取赞助费

另外一种利用AR技术盈利的方法就是收取赞助费。一个最佳案例就是《财富》（Fortune Magazine）杂志增添了AR内容，摩根大通银行进行了赞助。在关于摩根大通银行的介绍中，杂志里面利用AR技术添加了几个视频采访、演讲及其他的一些内容。每个视频的贴片广告中是摩根大通银行的信用卡广告。广告主为这些AR内容提供金额不等的赞助费用。

三、电子商务变现

Rodale、Meredith、Conde Nast和Hears等出版商都开始布局电商，与此同时，电商平台MR.PORTER 和THRILLIST也开始涉足出版行业。出版和电商行业开始互相交叉，AR技术恰好可以促进两者的结合。

有了AR技术，读者看到书中的一个商品可以立刻扫码进行下单购物，这将大大促进消费者的冲动型消费。

四、定制AR内容收费

现在有很多AR工具可以让普通大众在毫无技术的情况下快速创建属于自己的AR内容。国内的新三板AR第一股摩艾客已经有成熟的出版行业的AR解决方案，可以快速地为图书、杂志和报纸出版企业定制各种AR页面。

出版商也可以这样做，可以按制作时间收费，也可以按照项目收费。不管哪种方式，因为定制AR内容需要人工和其他成本，都可以成功地收取额外费用。

决定AR出版盈利的关键要素是勇气和信心。有勇气的出版商会利用AR技术来尝试改变，想办法抓住AR技术带给出版行业的新机会。成功转型的出版商都是有勇气做出改变的，他们不排斥新技术，而是利用新技术。

在移动互联网时代，传统出版受到了数字化的强烈冲击，很多纸媒破产、倒闭。其实，人们永远需要新闻出版，所以不用担心技术带来行业的衰落，衰落的只是落后的新闻出版形式。所以，出版人需要认真研究AR技术，只有那些有勇气、有信念、独立思考的出版人，才能适应不断变化的市场环境而取得成功。

第6章 进击的AR医疗：让看病更简单

AR技术能够实现虚拟形象与现实环境的叠加，在很多行业有着诸多用途，如建筑行业、汽车行业、旅游行业和广告行业等。而在医学领域，这一技术也有不可低估的潜力。AR在数字化、远程化、精准化、个性化这四大医学未来发展的大方向中逐渐崭露头角。

6.1 AR医疗的探索与实践

一、OrCam AR系统让盲人自由活动

OrCam是一套基于摄像头的AR系统，可以让视力受损人群（包括盲人）自由地阅读和活动。

OrCam通过一根细小的线缆与便携式计算机相连，计算机可以放在口袋里，摄像头则通过磁铁跟镜框吸附在一起，可识别穿戴者指向的文字和物体。它使用声频反馈传递用户无法看到的视觉信息，骨传导的扬声器将读取到的内容（报纸、路标、红绿灯和人脸等）清晰地传递给用户，在捕捉到文本或符号影像后，利用人工视觉软件通过耳机大声朗读出盲人正在阅读的单词。总之，它能够让盲人"通过听觉来看东西"。OrCam还具备用户学习功能，未来可实现面部识别、地点辨识和颜色识别等，真正帮助盲人更便利地生活。

卢克·海恩斯是英国第一个试戴这款高科技眼镜的用户，他在1997年做了儿童期脑瘤切除手术后，左眼便失去了视力，右眼的视力也仅剩3%。由于身体的原因，他无法上学，找不到工作，多年来感到孤立无助。

AR眼镜改变了海恩斯的生活，使他真正体会到了读书的乐趣。这位年轻人从此变得对未来充满信心，正在考虑申请读大学这件以前连想都不敢想的事，还希望找到一份与园艺相关的工作。"我过去即使是去乐购超市这样简单的事也不喜欢做，因为每次到了那儿都只能挑选相同的物品。现在，我不需要任何人的帮助就可以在里面逛上好几个小时，真是太棒了。"海恩斯高兴地说。

OrCam公司帮助盲人以一种全新的方式认识世界，成为2015年最值得关注的10家以色列初创企业之一。最近，这家人工视觉公司获得了英特尔公司1500万美元的投资。

二、视频光学透视AR系统：外科医生的"小助手"

你听说过能帮助外科医生进行手术的"眼镜助手"吗？外科医生戴上眼镜，就能看到患者身体的各种信息，想想是不是很神奇呢！

由欧洲委员会资助，意大利比萨大学信息工程系协作研发的视频光学透视AR系统（Video Optical See-Through Augmented Reality Surgical System，VOSTARS）已进行了3年多的研究。最终产品是用于在手术期间引导外科医生的混合可穿戴显示器。该设备能够将X射线数据叠加到病人的身体上。它能显示完全不同的场景，是真实环境与外科医生的感觉相结合的手术指南。

这个系统设计了一个头戴式摄像头，能够捕捉到外科医生的一举一动。

这些图像能够与来自CT、MRI或3DUS扫描的患者医学图像合并。另外，该设备还将提供关于所使用的麻醉剂类型和每个患者手术所消耗的时间量等信息，并且可以缩短手术时间。

三、AccuVein让你直接看到毛细血管

2013年，美国AccuVein公司使用AR技术为护士和患者提供帮助。

根据统计，40%的静脉注射第一次都不会成功，如果患者是儿童或老年人时，情况就会更加糟糕。

AccuVein针对不同场景开发了4种型号的产品，用于在静脉扎针、抽血、硬化治疗、一般外科手术及整容手术等过程中直接照射于皮肤表面，呈现出血管纹路以实现血管定位。

AccuVein使用AR技术和手持式扫描仪，通过扫描患者身体，向护士和医生展示患者体内的静脉位置。

据报道，AccuVein可以让静脉穿刺的首次成功率提升到90.3%。以后去医院输液的时候，护士可以"一针见血"啦！

四、用AR技术治疗截肢者的慢性幻肢痛

幻肢痛是一种疑难杂症，截肢者主观感觉已被截除的肢体仍然存在，是一种幻觉现象。目前，一种新型的AR疗法在减少患者的幻痛方面出奇地有效。

瑞典查尔姆斯理工大学的研究人员于2014年最先提出AR治疗方法，目前已完成了一个非常有前景的临床试验。该团队选择14名患有慢性幻肢痛的截肢者作为试验对象，这些患者曾尝试过很多其他治疗方法，然而病情并无改善。

患者将佩戴上检测控制缺失肢体肌肉信号的肌电传感器。通过跟踪和分析传感器的信号，并将患者与虚拟环境融为一体。在虚拟影像中，患者的四肢都是完整的，患者可以身临其境地伸开手或扭动手腕。

校准一旦完成，虚拟肢体被叠加在患者截肢部位的实况网络图像上。患者可以思考动作，虚拟肢体便会执行。每半个月进行一次治疗，在12次治疗过程中，患者被要求使用虚拟肢体进行各种操作，如使用传感器控制赛车游戏中的汽车等。

令人惊讶的是，在12次治疗结束时，患者的疼痛减少了一半，并且患者的日常生活开始回归到正轨，睡眠情况也同样得到改善。4名患者减少了止痛剂的服用剂量，其中两名患者甚至减少了81%的剂量。6个月后，患者的情况仍然在持续改善，这意味着AR疗法具有持续的治疗效果。

从逻辑上来说，这种AR疗法类似于进化的镜子疗法，为真实存在的疑难杂症提供了极有价值的工具。

五、湖南省肿瘤医院：借助AR技术完成肿瘤切除手术

2017年，湖南省肿瘤医院胸外一科借助AR技术，为该院一名患者完成了下胸壁肿瘤切除和胸壁重建手术。目前，患者恢复良好并已出院。

该患者术前被诊断为胸壁低度恶性肿瘤，呈哑铃状，肌层及胸廓内均有病变，已累及胸壁及数根肋骨，且与心脏表面紧贴。保守治疗无法取得较好效果，必须手术治疗。但手术治疗，不仅肿瘤切除有一定难度，肿瘤切除后胸壁将出现严重的骨缺损，影响患者术后的呼吸功能，且患者心肺难以得到胸壁较好的保护。

湖南省肿瘤医院胸外一科肖高明主任医师团队，腹外科吴飞跃主任、石磊副主任医师团队等将患者的CT数据导入专业医学图像处理系统，对患者的心脏、大血管、肋骨、肋软骨、胸骨、肺和胸壁肿瘤进行了数据半自动分割和三维重建，根据胸骨和肋骨的形状以及肿瘤侵蚀范围，在计算机上进行数字化辅助肿瘤切除术方案的设计，并在计算机上进行了手术预演。在AR技术的协助下，手术进行得非常顺利。

AR技术通过术前三维影像重建，能够克服术者腔镜视野下手术操作的诸多不便，为术者提供更准确的解剖信息，近年来在医疗领域发展迅速。但与脑组织等位置相对固定的器官不同，肝脏位移幅度大，需专门的手术助手在手术中实时手动校准图像，操作复杂且难以保证准确性。

应用基于图像处理的手术导航技术，医生可以在手术前根据患病部位的三维图像确定完善的手术计划。在手术过程中，可以由病灶的实际位置确定刀口的大小，使刀口最小。采用相关的手术导航器械，就能在系统中建立位置精确的三维立体模型，能够避免伤及周围的其他重要的组织及神经，

从而设计出安全的手术流程。也可以在手术过程中进行实时监控，判断手术是否达到预期目标，从而降低手术风险以及难度，提高手术成功率，减少手术时间。

六、法国斯特拉斯堡大学：微创肝切除外科

近年来腔镜肝脏外科手术发展缓慢，使微创肝切除外科的发展受到了限制，一些特殊位置的肝脏切除更是微创外科的"禁地"。随着计算机成像指导下的外科技术飞速发展，思维开阔的外科医生们开始设想运用AR技术，通过制定一个可以应用到手术室中的术前虚拟切除计划，为解决这一课题提供了新的思路和方法。

2015年，来自法国斯特拉斯堡大学的佩索（Pessaux）教授在AR技术辅助下，采用经胸腔镜肝切除术，成功切除一例肝顶部肿瘤，这表明该方法对肝后段和上段肿瘤微创切除也是安全有效的。

腔镜肝切除术相比传统开腹手术具有许多优点，因此外科医生们一直致力发展新的腔镜技术来扩大其适用范围，以使更多患者受益。肝后段和上段肿瘤一直是微创肝切除术不可碰触的，佩索教授等人的研究是对这一课题的新的探索。

解决了手术入路问题后，AR技术的应用则解决了其余的问题。AR技术将术前模拟与术中实时导航连接，解决了触觉反馈丢失和三维可视化的难题，便于开展更加特异精准的微创肝切除手术。首先，术前对病人进行薄层CT三期扫描，同时可结合肝脏MRI，运用IRCAD 3D VR软件，重建患者特异的虚拟3D模型。视频成像系统采用外部摄像机为体外成像，腔镜摄像机为体内成像。采集的图像通过三维虚拟模型技术叠加到现场手术图像上，再

由计算机科学家在远程站点执行关键的注册过程以确保图像的精确复合，最终产生的图像会显示在手术室的显示器上。

虽然存在种种限制，但AR辅导下的经胸腔镜肝切除术仍是一种安全有效的微创切除肝顶部肿瘤的手术方式。

七、美国密歇根大学儿童医院：AR游戏加快重病儿童恢复

美国密歇根大学C.S.Mott儿童医院的医生利亚·哈根门（Leah Hagamen）和理疗师唐娜·汤普森（Donna Thompson）日前表示，AR游戏Pokemon GO能够让孩子们在玩游戏的同时练习运动技能，从而可以帮助那些重病儿童加快从伤病中恢复过来的速度。

半年前，他们刚刚为一位7岁的小孩做了一场脑动脉瘤手术。这个小孩曾经被其他医院的医生要求放弃治疗的想法。在陆续辗转了密歇根本地的3家医院无果后，密歇根大学C.S.Mott儿童医院AR技术与医疗结合的治疗方法，给这个小孩和他的家人带来了一丝希望。

共济失调是一种常染色体显性遗传性疾病，以小脑性共济失调为主要症状，首发症状多表现为下肢共济失调，走路时步履不稳、肢体摇晃、动作反应迟缓及准确性变差。

尽管共济失调影响了孩子扔出精灵球时动作的精确度，但是很显然当他们扔出精灵球时脸上所展现出的正是一个适龄小男孩应有的活力和热情。医生和理疗师利用AR技术，逐步让很多有类似症状的孩子达到实现矫正大脑和身体的治疗目标。除了康复治疗，AR技术还被应用在手术前让孩子们冷静下来。

6.2 医疗行业的AR应用场景

目前，在医疗健康领域，AR常用于以下几大场景。

一、教育培训

2014年，一家名为Small World的初创公司与澳大利亚母乳喂养协会合作，开展了一个谷歌眼镜实验，该实验旨在通过AR技术为新妈妈母乳喂养婴儿提供帮助。在实验中，医生可以通过佩戴AR头显，以母亲的视角观察母乳喂养过程。这样一来，妈妈们就可以随时随地获得专家的帮助，省去了每次都带着宝宝去医院的烦恼，同时也为医生会诊提供了方便。

通过AR技术，基本上可以解决传统医疗教学（尤其是解剖教学）中的两大问题：医疗教育资源紧张和学生心理障碍。在大学里，学生不再需要在实验室对尸体进行解剖，直接在宿舍就能模拟解剖。在教室中，老师能够单独放大特定的身体区域和器官，促进与学生的互动合作。在诊所中，从业者将能够实时向患者展示他们的身体是如何运转的，并通过对比他目前的身体状况，向患者解释他们身体中可能存在的病症。

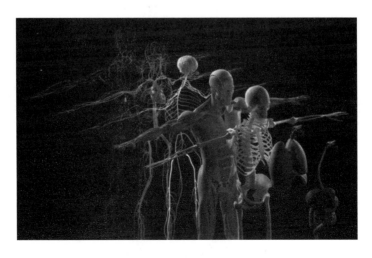

二、个性化健身

想象一下，你正在一条黑暗的无人小巷里行走，突然听到一个奇怪生物发出的呻吟，看到它东倒西歪地向你走来。如果你觉得一个"真正的僵尸"跟在你的身后，即使你非常不喜欢运动，也会马上跑起来，这就是"僵尸来了，快跑！"（Zombies，Run！）应用的独特创意。

这个游戏的基本假设是恐惧感可以带来激励。它可以让跑步变得更加有趣。如果你觉得跑步很无聊，完全可以试试这个游戏。你不仅可以听到，还可以在手机屏幕上看到虚拟的"僵尸"，这会让你跑起步来充满活力，而且还会觉得时间飞逝如流。

三、康复训练

作为目前代表康复界高技术水平的尖端设备，卡伦系统完美诠释了融合AR、三维运动捕捉、浸入式治疗和可视化肌力等技术里的康复世界。

卡伦系统采用全方位的立体投影技术，其中一套投影在环绕投影屏幕上用来营造虚拟环境，另一套投影在运动平台和投影屏幕之间的空隙中，以实现330度的全景屏幕投影效果，而人的正常视角是180度。因此，患者在卡伦系统上行走训练时，全视角范围内看到的都是卡伦系统构建的场景，且患者在卡伦系统中可与虚拟对象实时互动。这种真正浸入式、互动式、丰富可变的虚拟现实环境，有助于患者全身心地充分融入。更重要的是卡伦系统还可以为人体各部位的功能和行为提供同步康复训练和分析反馈。

卡伦系统之所以被誉为"航空母舰级康复系统"，离不开其对包括AR、生物反馈和人机互动等尖端技术的整合应用，主要应用在以下几个方面。

（1）在神经康复中的应用

（2）在脑瘫儿童康复中应用

（3）在骨科及截肢康复中应用

（4）在疼痛康复中应用

（5）在心理疾病康复中应用

（6）在运动损伤及工伤康复中应用

（7）在老年病康复及保健中的应用

四、视力障碍

视力受损的恢复治疗是全球一大难题。针对这一问题，目前市场上主要采取的方式是给患者提供助视器，通过适当的训练，让患者最大程度地能独立生活。然而这类产品的局限性是患者无法自由参与外部活动，并且需要借助多个产品来辅助生活，如阅读靠阅读器，出行靠盲杖、导盲犬等。此外，这类设备笨重或使用条件苛刻。新近也有出现App类移动端产品，但多是功能有限。不是很完美的用户体验跟日益增强的消费需求催生了一些新产品，借助可穿戴设备帮助视力障碍者出行，以及应用AR技术治疗或辅助受损的视力。

AR技术应用在视力受损的治疗上，主要依赖于AR的虚实结合和交互性，AR主要借助谷歌眼镜类或自我开发的AR设备，提供一种类似汽车信息导航式的服务，引导患者穿过酒店大堂、商业街区，调用食品和交通等信息。

当前，AR视力恢复应用的开发尚处于初期。据公开信息显示，全球有

3 家初创公司正在该领域活跃。这 3 家应用 AR 技术"增强"视力的公司分别是以色列的 OrCam、英国的 VA-ST 和美国的 Aira。

五、临床辅助

1. 准确描述病人症状

在现实生活中，患者看病时往往需要准确地向医生描述自己的症状，然而这一点其实很难做到的，因为有些人会夸大自己的症状，有些人又会过于轻描淡写。而 EyeDecide 的出现，可以为眼科患者提供帮助。EyeDecide 是一款 AR 医疗应用，它使用摄像头来模拟特定病情对一个人视觉的影响。医生可以向患者展示特定疾病引起的视觉模拟图像。例如，该应用可以模拟白内障患者看东西的效果，从而帮助患者了解自己的症状和医疗效果。如果患者可以体验到病情对自身健康的长期影响，就很有可能会做出积极的改变。

2. 医疗影像处理

2017 年 3 月，飞利浦宣布开发出了一个结合 AR 技术的医疗影像处理系统。该系统简单来说就是 AR 手术导航技术，其开发基础是环绕式 X 光系统。使用该 AR 系统可以让医生事先了解患者身体某处的结构，然后根据其结构特点来编制手术方案，以便更加精确地放置医疗植入物。在确认的过程中医生甚至不用切开患者的患病部位，确认部位之后可以立刻展开手术，大大缩短了手术时间，当植入物放置完毕或是手术完成之后，医生也可以通过该系统来观察手术是否真正成功，不需要患者额外再做 CT 检查。

3. 外科手术

拉斐尔·格罗斯曼（Rafael Grossmann）就是在谷歌眼镜的帮助下做

手术的外科医生。众所周知，在手术中，精度非常重要，而AR可以帮助外科医生提高手术精度。无论是微创手术，还是定位肝脏上的肿瘤，AR都可以帮助医生进行精准操作。德国iDent公司利用AR软件帮助牙医和正牙医生创建患者口腔的数字模型。牙医在检查病人的时候同步进行扫描，扫描结果还会实时地显示在眼镜上，这不仅节省时间，还减少了与患者的接触。

六、改善医患关系

毛绒玩具Gomo能和与之配套的AR应用一起使用，既能缓解孩子们面对医生时的紧张，还能帮助他们更好地了解人体与疾病。

这款玩具的使用方法很简单，打开iPad上安装好的配套应用后，将应用中的橙色方框对准毛绒玩具的面部，按下红色的按钮，应用就会开始扫描这个毛绒玩具的身体，iPad上的影像会投影到玩具身上。孩子们可以点击应用下方的10个按钮，查看包括骨骼系统、皮肤系统、免疫与淋巴系统、呼吸系统等在内的10个身体系统。孩子们也可以点击单个器官，移动iPad来查看其不同的角度。通过展示卡通式的解剖学内容，医务人员可以向孩子讲述器官是如何运转及身体是由哪些部分组成的，既有教育意义又很安全。

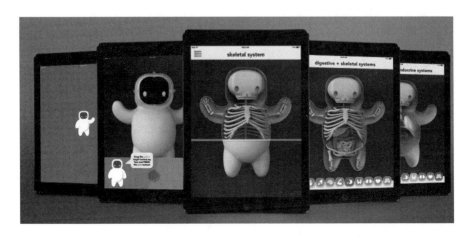

Gomo能有效地增加医护人员和孩子们之间的互动。就诊前，医护人员可以和孩子们一起查看玩偶的身体，向他们解释不同身体器官的作用、疾病产生的原理和治疗的方法等。

对于孩子和医生来说，Gomo是一个理想的互动工具。医护人员可以在为孩子们讲解医学知识的过程中，与他们建立更亲密友好的关系，也能更有效地帮助他们转移注意力，减缓紧张的情绪。医护人员可以用这个玩具来拉近与孩子之间的距离。同时，这个没有任何金属零件的毛绒玩具，也可以让孩子们抱进CT室或做核磁共振检查等。

七、急救

除了方便医生和患者外，AR还可以用来帮助其他人。试想一下，如果你旁边有人突然倒地不起，你该怎么办？ AED4.EU是由荷兰内梅亨大学医学中心的吕西安·恩格乐（Lucien Engelen）开发的一款AR应用，用户可以下载该应用到手机上，并且放在紧急号码的旁边，也可以使用AR浏览器Layar。

用户可以在AED4.EU中添加自动体外除颤器（AED[1]）的位置，并且通过这个应用访问数据库，在数据库中你可以找到距离最近的除颤器的确切位置，为有需要的人提供帮助。此外，使用Layar浏览器，你可以把距离最近的除颤器的确切位置投射在手机显示屏上，只要花点时间找到它们，就可以为有需要的人提供帮助。

AR还可以用来处理飞机紧急医疗事故。Vital Enterprises是一家将AR软件应用于医疗和制造领域的公司，它正在研究通过卫星连接急诊医生，相关人员戴上ODG R-7智能眼镜便可以接受医生指导，对患者进行急救。

6.3 AR为医疗行业带来的变化

一、有助于减少医疗事故的发生

AR智能产品可以实时监控病人的身体状况，而且可以立体展示病人体内的状况，医生从而可以更准确地判断病人的病情、实现对症下药，让患者可以得到及时、有效的治疗。而且，AR技术对外科医生手术的帮助更为直观，能够将患者的创口以3D立体图形的形式全方位地展示出来。外科医生在AR技术的帮助下，既可以将患者的病灶完整切除，还可以尽可能地减少外科手术带来的创伤。

二、提供远程医疗援助

AR技术可以在远距离整合优势医疗资源，对重大疑难病症进行更好的

1　自动体外除颤器，是一种便携式的医疗设备，它可以诊断特定的心律失常，并且给予电击除颤，是可被非专业人员使用的用于抢救心源性猝死患者的医疗设备。

救治。据《华尔街日报》(The Wall Street Journal)报道,远程医疗的趋势正在逐渐兴起,远程医疗的最大优点就是节省时间。有病患认为,可以在高科技诊间里让医师视频看诊,反而比医师亲临急诊室现场,外围挤满等待被救治的病患好得多。也有病患表示,医师不在场看诊压力反而没那么大。

当然,远程医疗不可能完全取代医师亲自问诊,重病患者还是需要由医师亲自看诊,但如果是取药、拍 X 光片,或者眼睛痛、上呼吸道感染的一般疾病,则可以通过远程看诊,大大节省病患的时间,并提高医院的效率。

最重要是,AR 技术对医疗教育的发展也能发挥巨大的作用。医学教育实践与理论并重,AR 技术可以让医科的学生以第一视角体验手术现场,节约教育成本的同时还能大幅提高学习效率。

三、医疗计划展现新方式

为了规范患者手术前的治疗计划、方案，医生都会对患者展示医疗计划，帮助其了解整个治疗过程。

外科手术导航高级平台（Surgical Navigation Advanced Platform，SNAP）则让医师能在手术前向手术参与者展示手术计划。这个平台整合了诸多手术室相关技术，用AR来呈现可视化的3D内容。

四、改变医疗行业的运营模式

这与医疗健康这个行业固有的习性非常相关，传统设备的简陋、资源的匮乏、医疗水平地域性差距、专业人才的欠缺等都是造成目前局面的关键问题，也是促进新技术应用的"双面盾"。AR这类新技术的切入点在于可以优化传统流程，提升医疗效果，解放医务人员的工作负担。

目前，AR技术在医学领域的应用才刚开始，但随着技术的发展，AR技术与医学的融合会愈加完善。医疗领域的发展与变革向来受到极大关注，随着3D打印、AI等前沿技术的突破与完善，未来将进一步推动医疗技术的创新和转化应用。AR的出现正在给医疗行业带来显著变化，它不仅可以帮助挽救生命，还可以使医疗机构现有的流程更加精确和高效。相信在不远的将来，随着对技术的进一步探索，AR技术会对医疗事业的发展做出更加巨大的贡献。

第7章 AR给广告插上想象力的翅膀

在科幻电影《少数派报告》中，史蒂文·斯皮尔伯格（Steven Allan Spielberg）描绘了一个高科技的未来场景：汤姆·克鲁斯（Tom Cruise）路过一个个数字招牌，这些招牌能自动识别出汤姆·克鲁斯并叫出他的名字。谁会想到有一天，这些电影中的科幻场景会被带到现实世界中来。NEC和IBM目前正各自独立开发带面部识别功能的广告板，这种广告板就是应用了AR和AI技术的未来广告形式。

实际上，AR技术诞生之后，被最早应用的领域之一就是广告。广告人对新技术非常敏感，也非常有创意，已经制作并投放了很多非常棒的AR广告。本章选取了几个经典案例来进行剖析。

7.1 AR广告经典案例

一、可口可乐：每人都有一个圣诞老人

2014年圣诞节，可口可乐在美国亚美尼亚投放了一个AR广告来和用户互动。首先，可口可乐开发了一个叫"可口可乐魔幻"的AR应用，用户可以在手机上安装这款应用，然后拿起手机直接扫描可乐瓶（还可以在贴有可口可乐海报的公交站台、商城、剧院和咖啡馆等有可口可乐贴纸的地方进行扫描），会出现酷炫的动画效果（可口可乐称之为"隐藏的快乐"）：一个3D

的虚拟圣诞老人跳出来，喝着可乐，背景音乐是圣诞歌，圣诞节日的氛围马上就出来了。用户可以与圣诞老人摆出各种姿势合影，可以将照片分享到Facebook和Instagram等社交平台上。

　　根据统计，在这个AR广告投放的一个月内，"可口可乐魔幻"AR应用有5万次的下载，在Google Play应用商店的免费应用排行榜一度排名第一，共有25万用户搜索了这个AR广告，在YouTube视频网站上有4万次的观看量，可以说是相当成功了。

二、Lynx香水：坠落人间的天使

《天使坠落》曾经是Lynx香水火热一时的广告之一，以魔幻的方式让性感天使从天而降，给人留下深刻的印象。在2014年伦敦繁忙的维多利亚广场上掉落了一位美丽的天使，这是使用AR技术做出来的广告效果。人们只要站在贴有AR标记的地面，从大厅的屏幕上就能看到天使降落在脚边。路人都感到非常的惊讶，像是真的看到了天使一样，引起人们不断地围观和自发地关注。

对于传统广告来说，AR技术在广告上开辟了一个巨大的商机，将AR整合成更大的跨媒体活动的一部分。这个商业广告成功地吸引了Lynx香水的潜在目标人群。广告的内容与路人产生互动，像是在跟天使拍照、做动作，让人们产生了解和尝试产品的欲望。

三、百事可乐：外星人入侵地球

在2014年，百事可乐利用AR技术在伦敦街头做了件疯狂的事，将候车亭进行了特殊改装，候车的路人稍微注意一下屏幕，就能看到现实世界中发生了不可思议的事，如外星人入侵地球、下水道里有触手伸出来抓人等，而在屏幕后面却空空如也。许多路人在屏幕后面做出各种搞怪的动作，像是装出被外星人抓走且害怕的表情，被老虎追的惊悚画面，被触手拖走的无奈神态等，引得不少的人关注，屏幕上还时不时地出现百事可乐的宣传语。

在这个AR广告中，最好的伏笔就是出现了很多电影里面的情节，让观众产生置身其中的感受，在不知不觉中传递了百事可乐的品牌理念。不仅如此，该广告还被上传到网络，接近750万人次点击浏览，促使这条广告在网络中进行了二次传播。

四、行尸走肉：丧尸袭击都市

《行尸走肉》是一部美剧，目标受众是18到49岁之间的成年人，在美国的收视率非常高。出品方为了打开欧洲市场，策划了万圣节宣传活动，希望能够吸引欧洲观众的注意。

出品方首先在录影棚里拍摄僵尸的视频片段，让真人化妆成僵尸的样子，搭建绿棚拍摄然后抠像。在奥地利首都维也纳的CBD附近的各个公交车站，都安装了一个电子屏幕，且应用了AR技术。广告的背景是实时的街景，将虚拟的"僵尸"形象视频叠加在真实的街景上，在公交车站台等车的人们会看到栩栩如生的"僵尸"向你扑来，让人感觉非常真实。因为太真实，好多人被吓一跳，甚至本能地准备去攻击"僵尸"。这个吓人的"僵尸"场景的广告在万圣节期间投放了两天，是一个让人觉得惊吓、刺激又好玩有趣的恶作剧。

这个广告的成功之处其实是很好地把握了场景营销的精髓。首先，受众非常精准，选择的公交车站都在CBD附近，来往的基本是18~49岁的白领，很多白领的娱乐活动就是看电视剧。另外，对于奥地利来说，美剧主人公讲英语，一般是白领才有兴趣观看的，蓝领通常只看本国的电视剧，不太会看国外的电视剧。受众观看这个场景的时间通常是上下班时间，在上班时间看完广告后可以在公交车上或在办公室和同事讨论剧情，在下班后可以回家观看电视剧。再看场景中受众的目的和行为，受众在这个场景中就是在等车，是一个无聊的闲暇时间，任何有趣的、意外的东西都很容易引起他们的关注。有了这个超常规的AR互动广告，等车不再无聊，闲暇时间得以打发。此外，一般的公交站台广告都是平面的、静止的，突然来一个活生生的、动起来的广告，自然会非常抓人眼球。

最终,《行尸走肉》第5季的首播集凭借1730万人次收看达到该系列单集收视最高点,相比此前单集收视最高的第4季首播集高出7个百分点。据统计,第5季首播集收视率比上一季首播集多出100万观众。更可怕的是在最重要的本土观众中,这集的收视率达到了惊人的8.8%。相比较而言,这几乎是上周任何其他剧目收视率的两倍。从数据来看,这个AR广告起到了很好的推动作用。

五、百货公司约翰·路易斯: 站在月球上的人

2015年11月6日,被誉为最会拍广告的英国百货公司约翰·路易斯(John Lewis)在YouTube发布了2015年圣诞广告《Man On The Moon》。这个视频广告讲述了一位叫Lily的小姑娘通过望远镜发现月球上住着一位孤独的银发老人,于是她每天都在另一个星球上的望远镜后面观察他。节日到了,Lily收到了很多家人和朋友送的礼物。然而她想在这个温暖的时刻给那个月球上的孤独老人也送去一份礼物。在Lily发射好多信号都未成功的情况下,约翰·路易斯终于伸出了援手,为老人送去了一份圣诞礼物,一份让他不再寂寞的陪伴。

　　约翰·路易斯还与专为老人服务的英国慈善机构Age UK合作，承诺凡是人们在约翰·路易斯实体店或者线上商店为老人购买圣诞礼物带来的收入将被全数捐给Age UK，这些钱用于改善英国当地老人的生活状况，如冬天取暖、冬日热食和组织老年人的社交活动等，同时希望唤起人们对社会中孤寡老人的重视。

　　此外，约翰·路易斯还发布了一个叫作"A Man on the Moon"的App，其中可以通过AR技术让用户看到栩栩如生的月亮，应用中还设置了几个月球主题的小游戏。

六、哈根达斯：吃冰淇淋更有趣

哈根达斯认为：冰淇淋从冰箱拿出后，需要解冻几分钟才能达到最佳口感。在美味前待两分钟对大多数人来说都是十分难耐的，所以哈根达斯利用AR技术推出了一个App "Häagen-Dazs Concerto Timer"。用户下载安装App后用摄像头对准冰淇淋盖子，屏幕就会出现一个拉小提琴的美女，待悠扬婉转的旋律结束后，就可以享受美味的冰淇淋啦！

有了AR技术的加持，哈根达斯不仅让人觉得好吃、好玩、搞笑，还鲜明地突出了其品牌形象。

七、腾讯QQ：1亿人共传AR火炬

2016年里约奥运会开幕的时候，腾讯在QQ上开发了一个AR玩法的火炬传递小游戏，游戏中参与传递的火炬手超过一亿人，是唯一一个可以媲美Pokemon Go的现象级事件。

传统的奥运火炬传递过程是由奥运火炬手一个接一个地跑着传递火炬。现在不需要火炬手，也不需要在现实里跑，就可以传递火炬了。下载最新版QQ，打开"扫一扫"，点击页面右边的"扫码"，扫描活动图片，就可以点燃自己的QQ火炬完成火炬传递。成为火炬手，而且至少完成一次传递，就可以点亮QQ签名和QQ昵称的火炬图标。

腾讯QQ还在2016年7月28日的《深圳晚报》头版刊出整幅蒙娜丽莎画像，提示用QQ"扫一扫"，读懂蒙娜丽莎的"迷之微笑"。扫描蒙娜丽莎画像后，就会触发AR动画，出现一只QQ的企鹅形象。这是为了这次AR火炬传递活动进行的预热，也是教育用户、给用户进行AR新概念的普及。

八、浙商银行：增金财富池可视化

2016年5月11日，浙商银行发布了金融业首款个人池化授信融资产品——"增金财富池"，并率先在业内推出"个人金融资产联动信用卡额度"服务。可入池的资产品种包括永乐理财、个人大额存单、优利加和电子存单等金融资产以及个人房产等非金融资产。"增金财富池"就是帮助客户将其持有的固定期限资产构建成为一个"资产池"，通过池化质押，使之不仅能继续享有原资产的高收益，还可以实现信用卡提额、实时在线提款等。

为了推广这个理财产品，浙商银行和电影《我不是潘金莲》合作进行跨界营销。2016年11月18日，由冯小刚执导、范冰冰主演的《我不是潘金莲》在国内上映。电影开场前的广告时段，浙商银行投放了隐藏AR体验元素的品牌广告，覆盖全国19个城市，9000多场电影。在影院内，不少观众纷纷朝屏幕拿起了手机去拍这个AR广告。在观影时，观众只要扫中广告内的浙商银行LOGO，手机屏幕上就会出现一个以AR效果呈现的"财富池"，观众可将自己的虚拟资产投入"池"中，随后就可以直观地看到"财富池"带来的资产变化。

浙商银行特别策划的这个 AR 广告，旨在通过 AR 的趣味性和生动性，向客户形象地推介"增金财富池"这一创新的个人金融工具。浙商银行相关负责人说："财富池不断冒出金银币，意寓生财，用户可以通过虚拟操作，把房产、大额存单、理财产品等投入'增金财富池'，会看到信用卡额度、贷款授信额度迅速飙升。"

另外，想要体验 AR 的用户，不一定要去看电影，还可扫描任一生活场景中出现的浙商银行 LOGO，即可体验到 AR 效果的"财富池"，凭借"财富池"的截图、视频或者朋友圈分享，还可以向浙商银行换取话费。

7.2 AR 重塑广告行业

AR 在 5 个方面改变了传统广告，具体如下。

一、丰富广告内容

融合图片、视频、声音和动画等为一体，提供传统平面广告和视频广告无法展示的内容，使信息展示三维化。传统实体广告上主要是印刷文字和平面图片的形式，AR 技术可以将其从 2D 升级到 3D 立体形式，并且融合文字、图片、视频和动画等多媒体为一体，从而让消费者能够更直观、生动、全面、方便地理解产品。

二、数字精确追踪评估

AR 将广告数字化，受众的一切行为（下载、安装、点击和购买等）都可以被记录、收集，然后可以进行跟踪，对效果进行精确化的评估。AR 将广告流程数字化，从而可以精确跟踪和收集用户在观看过程中的全部数据，根据这些数据企业可以制定更精准的营销策略，从而进行产品研发。

三、压缩效果层次

AR广告可以直接内置在线商城的购买链接，让用户实现购买行为。传统广告是先影响潜在客户的认知，然后去建立影响和信任，最后再引导客户去网站或App上完成购买行为。

但是，AR广告可以将这3个层次集中在一起，潜在客户看到AR广告产生认知，然后可以立刻参与体验或者领取促销券，觉得不错可以立即在AR广告应用里购买。所以，AR广告不仅可以加深企业品牌与客户的联结关系，而且可以直接促进销售。

四、广告传播互动化

现在一些行业的产品都高度同质化，差异性越来越小。企业需要在广告营销中进行创新来塑造品牌的差异化。AR技术一方面比较新潮，非常适合时尚和有活力的品牌使用，来突出其动感的一面。另一方面，AR的高互动性和参与性可以俘获年轻一代消费者的心。

五、娱乐化和游戏化

在体验经济时代，一切行业都是"娱乐业"。除了产品的基本功能外，人们选择一件商品或服务，很大程度上是觉得它好玩、有趣。随着90后逐渐成为社会主力，这个趋势越发明显。AR技术恰好可以在广告中加入有趣的体验游戏，以一种轻松有趣的方式吸引消费者。

7.3 用AR技术做广告和营销

一、做好消费者教育

尽管现在AR应用越来越多，很多品牌都在追捧，但是拿手机观看AR的体验还远不是所有普通消费者的日常行为。对于发起AR广告的公司和机构来说，做好消费者教育是AR广告成功的一个关键因素。

企业做AR广告时经常会忽视教育顾客所需要花费的时间和精力。AR广告实施过程中一定要清楚地告诉消费者，在他们看到的印刷媒体上面有AR元素。营销推广和教育消费者成为AR广告中的一个巨大的隐性成本。

在进行AR广告宣传时，一定要留出时间来提高消费者对AR的认知，告诉受众AR是什么，为什么使用AR以及如何操作使用AR应用。

AR广告是否取得成功与广告主在推广和教育消费者方面花了多少心思和努力有关。其实这并不需要多少成本，关键是要有意识，只需要简单地在印刷材料、企业的社交媒体、产品包装和宣传页等地方加上一句："嘿，注意了！拿起手机扫描这里，可以看到好玩有趣的东西哦！"

任何成功的营销活动都需要吸引眼球，受到更多人的关注。提高受众认知，扩大宣传范围，这样AR广告的内容和活动才能产生更大量的参与和互动。

二、创造引人入胜的AR内容

AR广告最开始给受众一个惊喜是很容易达到的，但是让受众留下来继续与之互动，甚至能让他们不断地反复去互动才是巨大的挑战。获得消费者的关注后，如何使受众保持持续的参与感呢？

实践表明，最吸引人和最有趣的AR广告都会给受众一些回报和实际利益。独特的体验也是回报，比如像隐藏在电影背后的内容、和人物的自拍合影等。

留下的理由：提供独一无二的内容，且是在互联网上找不到的。在同样的体验下，为顾客提供独特的内容，顾客参与时长会显著提高。

分享的理由：这必须是顾客愿意去分享的，愿意去发帖的内容，比如，和迪士尼动画人物的合影或者和名人的自拍合影。

反复互动的理由：让顾客有抽奖的机会，用AR程序扫描一次就有一次新的赢奖机会。给顾客优惠券让其到店兑换也是一个让他们不断回头的好方法。

三、如何评估AR广告效果

谈到如何评估AR广告的效果，首先我们得认识到AR技术不会神奇地帮你卖出更多产品。它只是一个不同的沟通媒介（虽然是很令人兴奋和有趣的一种媒介），与你目前使用的任何其他媒介一样，更关键的阶段在转化环节。考虑到这些，AR广告的成功也与内容和整体的目标有关。

想增加销售？可以用AR一键购物，监测购买页面的点击量和销售量。如果你的AR广告是提供虚拟试穿的，那么就可以记录顾客的参与互动时长，点击过的颜色和样式，还有参与者拍的照片。

你的目标是引导顾客从印刷广告到AR广告的话，可以增加一个点击按钮和表格，然后看浏览量和成交量。如果你关注AR广告产生的更多社交分享内容，那么可以统计分享到社交媒体的照片和视频数量，或者可以在微博上增加一个话题标志。

精心制作AR内容才能成功地完成你所关注的KPI。每个公司的成功都不太一样，就像不同的市场营销活动中KPI指标也是不一样的。

如果你打算将AR技术应用到企业营销中，那么你不仅要问"AR可以帮助我做什么"，更要问"我准备向顾客传达什么信息，AR在这个过程中怎样能够增加价值。"

7.4 AR广告前景光明

AR技术正被越来越多的广告和营销活动所采用。AR将数字虚拟世界和物理世界融合的能力，也意味着传统的数字营销技术现在可以叠加到现实世界中。

例如，数字营销中使用的一种技术是"热力图"，可以将网站访问者点击网页的情况进行可视化展现。根据"热力图"，营销人员可以看到页面的哪些元素吸引眼球，哪些元素促进了购买转化。

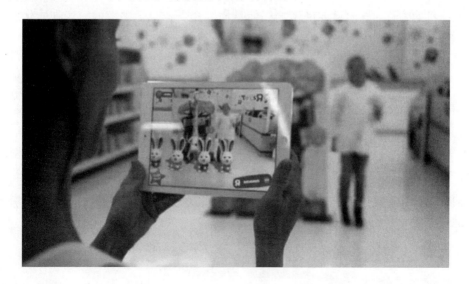

AR技术还允许快速、灵活的迭代和更改。AR广告内容可以通过远程进行实时的修改和更新，比传统广告拥有更大的优势。

总而言之，AR将成为广告和营销行业的福音。随着技术的不断发展，越来越多的、经典的AR广告案例不断出现。

第8章 让人们远离计算机屏幕的AR游戏

　　AR的到来，给游戏带来了全新的创意和玩法，为游戏行业的发展带来了新的机会。人们不仅可以在计算机的屏幕上玩游戏，还可以将整个真实世界作为游戏场景，将任何虚拟的游戏角色放在真实世界，处处都能成为游戏场所。

8.1 火爆全球的AR游戏：Pokemon Go

　　Pokemon Go是一款非常火的AR游戏，中文名叫"口袋精灵Go"。这款游戏火到什么程度呢？据说在美国很多地方都能看到一个标识，提醒大家玩Pokemon Go时要注意安全，尤其是驾车时不得玩此游戏。之前纽约发生过一起车祸，一位车主边开车边玩Pokemon Go，结果分心撞上了大树。

　　任天堂推出过一款名为"口袋精灵"的游戏，当时还是Game Boy时代，据说那时非常火，影响了很多人。2015年，任天堂联手Niantic（提供AR技术）发布了基于GPS的AR游戏Pokemon Go。所有的宠物小精灵可分成3级：普通级别、传奇级别和神话级别。

　　Pokemon Go集合了收集、养成、升级、完成任务、PK以及社交等多重趣味，并且和热门的AR玩法结合，游戏体验非常好。

　　作为一款免费手游，Pokemon Go主要依靠收费道具获利。除此之外还有一款"怪物手环"—— Pokemon Go Plus，这是一款用蓝牙连接的轻便手环。该设备可用于游戏中口袋妖怪的定位和捕获，当周围有目标时，手环会发出震动或者发光提醒。

Pokemon Go被部分业内人士认为是AR游戏领域的现象级甚至是里程碑式的产品。不过也有部分业内人士认为这款游戏的爆点主要在口袋妖怪的IP属性，AR扮演的只是次要角色，玩家玩的主要是Pokemon Go，并非是AR。因此，很难说单款游戏的火爆，就能够带动整个AR品类游戏的崛起。

Pokemon Go对游戏界来说算是一个颠覆性的突破，代表了一种线上（游戏）与线下（现实世界）交互的新方式，意味着虚拟与现实发生实质意义的交互了。交互是游戏所具有的天然属性，基于LBS（Location Based Service，基于位置服务）的移动互联网游戏则让线上虚拟场景与线下地理场所迸发出无限可能性。基于LBS的游戏能和任何场景发生联系，如百货商场、公园、运动场、学校、餐厅等都能让游戏和地理位置进行连接。

Pokemon Go的成功不是偶然，在强有力的IP支撑下，这个游戏真正地融入了移动、情境、感知、动态和交互，以普适计算去实现VR和AR之间的融合，为现实世界中的不同地点赋予了全新的意义，增加了现实和虚拟之间的互动，使游戏与现实中的科技、艺术和人文能够进行深度的交汇融合。

8.2 更具沉浸感的AR游戏

一、Ingress：AR游戏的启蒙者

Ingress是谷歌工作室Niantic Labs于2013年发布的一款AR游戏。准确地来说，没有Ingress就没有Pokemon Go。

作为一款AR的第一人称射击游戏，玩家们可以借助手机的摄像头在现实的环境中与朋友或者其他玩家进行对战。游戏将结合手机摄像头捕捉的画面，对敌方进行射击或者其他操作。而游戏中的内容也是十分丰富，传统射击游戏所拥有的不同职业（突击兵、工程师、黑客、司令官等）设定都一一存在，不同武器的伤害、射程、射击速率等元素也应有尽有。在玩法方面，除了组队、快速游戏或者死亡模式外，玩家们还可以像Pokemon GO一样去现实中占领各个地盘，然后不断扩充自己的领域。当然，也要防止其他玩家来占领自己的地盘。

　　就算我们知道Ingress是一款AR游戏，但是我们不亲自体验的话，是很难想象这款游戏到底能给我们带来什么样的乐趣的。在游戏即将发布之前，谷歌曾推出了一个有关于它的游戏宣传片。在宣传片中，谷歌使用大量的镜头来描绘一些场景：当智能手机出现在我们所处的世界以后，人们的生活习惯、交流方式正在逐渐被改变；朋友聚餐的时候，却没有应有的喧闹，大家都一个个低头看着手机；而在休闲娱乐的时候，人们选择去KTV或户外社交的少了，更多的是在家对着手机唱歌，隔着屏幕与世界另一边的人们畅所欲言。而今天，AR技术将可以改变这一切，它可以使人们在进行虚拟互动的时候也能很好地融入到现实中来。

　　这款游戏的成功来自于两个方面：一是AR技术与游戏相结合的新鲜感；二是游戏玩法打破了多年来的定式，较为新颖并且操作体验也简单，成功吸引到了人们的体验欲望。Ingress对AR框架的设计、机制探索与数据收集是实现Pokemon Go的关键所在。事实上，任天堂正是看到了Ingress的户外游戏模式作用在Pokemon Go上所潜在的巨大价值，才开始去涉猎之前一直不曾接触的移动游戏领域，并在去年对Niantic Labs进行大额注资，以支持他们的项目开发。

二、Fragments：人人都是福尔摩斯

不少人对于AR的印象还停留在电影《钢铁侠》的场景中：戴上眼镜或头显之后，空中出现全息屏幕和按钮，通过按钮发送命令。但是Asobo Studio认为现实可触摸的信息与互动还不够，他们希望再往前一步，于是设计了Fragments游戏。

Asobo Studio的CEO弗洛赫（Wloch）说："Fragments不是让你控制某个角色或者某个物体，而是让你置身于游戏之中。这是我们面临的挑战，我们必须想办法让Fragments游戏中的非玩家角色感知环境。这些角色不能穿过咖啡桌走到你家沙发前坐下。我们无法规定用户房间的大小，只能让系统自动分析房间、感知环境。"他举了个例子：游戏会先探测房间中所有平坦的物体表面，之后测量这些表面之间的距离，并通过计算得到空间大小的数据。通过收集物体形状，游戏会判定出这个物体是沙发还是椅子。

在Fragments中，"我"是一位侦探，需要侦破一起犯罪案件。游戏中的物体会叠加到真实房间中；角色会坐到真实世界的沙发上直接与"我"交谈，真实的房间被HoloLens增强为犯罪现场。

"通过之前的迪士尼皮克斯大冒险项目，我们发现'输入'不仅可以通过按钮，还可以通过玩家的身体"，弗洛赫说道。

HoloLens让整个房间都可以"输入"，每个房间各不相同，你必须根据不同的房间做出相应的调整。

三、弯曲跑者——Warp Runner

了解AR游戏的可能都知道，现在的手机AR游戏基本都需要一个特定的"图案"以用来识别平面。如果你想玩这些游戏，还需要下载那些特定的图案并打印出来，过程烦琐且便携性差。而Warp Runner这款游戏允许你自己选择图案，你可以随手拿一本书，把封面拍下来充当"图案"，十分方便地就能开始游戏了。

打开并进入游戏之后，会让你添加"图案"，应用推荐的是拍一本杂志，其实任何平面图案都可以。注意这里不要拍纯色的图案，一定是要对比强的图案，不然会出现识别错误或者画面不稳定。将图案放在拍摄界面的方框内，方框变绿就可以拍摄了。

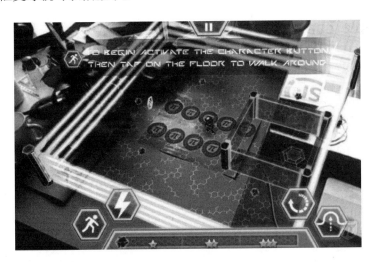

识别成功后会开始构建地图，构建地图的动画非常华丽，就像科幻电影里面的立体互动一样。

地图的显示方式是实时的，你可以改变不同的视角来端详整个游戏的建模过程，这也是 AR 的精髓所在。

游戏的主要内容非常简单，操控小人搜集能量块和钥匙，能量块提供的能量能让你改变地形，从而到达更多的地方；钥匙能打开传送点，搜集所有物品并成功到达传送点即可进入下一关。

当你实在想不到好的通关方法时，可以点击暂停键来查看游戏帮助，游戏将提供通关的指导视频。另外，如果你的手机有 LED 补光灯，也可以在环境光线不够强的时候点击暂停界面右下方的手电筒键来打开 LED 补光灯。

每一关都有不同的地形，需要你开动大脑合理运用能量。成功地解决难题所带来的满足感是玩这款游戏的主要动力，而有趣的操作和炫酷的画面则让这款游戏更显得独特。这款游戏有 iOS 和 Android 两个版本，感兴趣的读者可以下载体验下。

四、Table Zombies AR

在 Table Zombies AR 这个游戏中，末日袭来，僵尸大军占领了城市，断壁残垣之中只剩下寥寥几个特种兵在拼死抵抗。在这场惨烈的求生战役中，你将扮演一个空中支援的角色，用各式各样强力的武器，帮助下面的战友击退凶恶的"尸潮"。

该游戏暂时只在 iTunes 和 Google Play 商店提供下载，并且需要一张下载并打印出来的指定的"图案"，用手机打开游戏对准图案就会自动识别出地图。

进入游戏你会看见地图与同类AR游戏相比非常精美，写实的比例几乎完美还原了城市的一隅。在地面上你会看见5个正在抵抗僵尸进攻的SWAT队员，而你的责任就是运用屏幕右侧的6种强力武器帮他们击退5波尸潮。

虽然玩家是"上帝视角"，能够在任何角度端详这个精美的建模，但是写实的画风能让你有一种无法言喻的真实感。

在游戏的过程中，你还可以通过左边的按钮随时暂停或截图。你可以发射几发榴弹炮后暂停时间，仿佛是电影特效一般地环顾整个战局，然后继续游戏，看着炮弹在僵尸脚底下爆炸。

游戏的画面效果出色，6种武器各有各的特色，难度会随着尸潮一波一波地上升，有时候要顾全大局是非常困难的，让人产生十分紧张刺激的感觉。这款游戏有iOS和Android两个版本。

五、Augmented Resistance

Augmented Resistance是一颗无名的星球，荒无人烟。你是一名指挥官，守护着自己的基地，防止它被一波又一波的怪物侵占。你要合理利用自己的金钱调配3个兵种的比例，以求能够在这场艰难的战争中挺到最后。

Augmented Resistance这款游戏也需要下载一张特定的"图案"来进行识别，打开游戏对着图案就会自动生成地图。

这款游戏的难度比较高，稍有不慎你的士兵就会被怪物吞没，一旦基地的血限降到0就会功亏一篑，这款游戏目前只有Android版本。

六、真人实景枪战：Father.io

Father.io是一款AR真人实景射击游戏，可能也是目前为止最符合AR游戏之名的手机游戏。你可以把它理解为用手机作为武器的"真人CS"。

2016年7月，Father.io开始内测。大多数人还没有玩到这款游戏，就已经被游戏宣传片所展示的场景深深震撼。在微博上，Father.io的宣传片被转发了数万次，观看量在千万次以上，这样的受关注度可以和正式发布前的Pokemon Go媲美。

在这款游戏中，作战单位就是玩家本身，手中的手机就是枪械，整个世界就是战场。游戏将会使用被称为Inceptor的外接设备来实现瞄准及人物轮廓判定。Inceptor的外侧摄像头负责定位准星，内测摄像头负责确定玩家的身体部位与所在位置，通过Inceotor之间的信息交流，可以判断一局游戏中各个玩家的相对位置、距离以及被击中的位置，游戏不只用外形来定位玩家，所以等身大的海报并不能用来吸引火力。Inceptor的内侧摄像头会根据拍摄图像与接收到的其他玩家的Inceptor发送的信号来综合判定玩家被击中的位置。

七、AR沙盒游戏Woorld：少女心中的缤纷世界

Woorld是由日本游戏制作人高桥庆太（Keita Takahashi）和Funomena独立游戏工作室开发的。高桥庆太曾就职于万代南梦宫，制作过经典游戏"块魂"（Katamari Damacy）和"伸缩男孩"（NOBY NOBY BOY）。

Woorld在本质上是一个沙盒风格的游戏，设计风格略显童趣，可以帮助玩家发现并创造与现实世界紧密相连的虚拟空间。系统首先会要求玩家测量空间数据，使用Tango设备来扫描周边的环境（地板、墙壁甚至还包括天花板）。玩家可以在现实环境的任何地方加载虚拟物体（如房子、花芽、蘑菇、云、金字塔和雪人等）并与之互动。而通过相互作用则会发生有趣的"化学反应"。例如，你可以让云下雨，而花芽受到雨水的滋养后会长成一朵花，而花朵开放之后，你也会获得一个物品作为奖励。在这微小的世界中，你可以放置像植物、水龙头、房间和月亮等装饰品。总之，你可以亲手打造属于自己的虚拟空间，梦想中的家居设计都可以在游戏中实现。当你完成游戏任务之后，可以解锁沙盒模式。

Woorld分为"创造模式"和"探险模式"两种，与一般的沙盒游戏一样，它并没有什么预设的游戏目标。Funomena在官网上将Woorld形容是孩子气、简单又奇妙的游戏。

遗憾的是，目前此款游戏仅支持Tango手机（联想Phab2 Pro），其他设备还无法体验。

8.3 AR游戏热闹背后的思考

在Pokemon GO成功前，AR游戏还被大家认为是不可能的事，认为这个市场并不存在。

Pokemon GO成功后，AR游戏突然闯入大家的视野。但实际上，Pokemon GO的玩法中，LBS比AR更为核心，用AR呈现的"精灵宝可梦"并没有让众多玩家满意，Pokemon GO的成功，更多还是依靠原作的号召力与LBS与原作世界观的契合度。

AR游戏所面临的最大问题可能就是人们希望AR图像能给人以真正出现在"现实"中的感觉，能让人感觉到AR图像确实像是潜藏于现实世界中、肉眼无法看到的生物，而不是只能依托屏幕出现的3D模型。

很多人都在提AR技术是游戏产业的未来，AR技术可能真的还不属于现在。至少能纯粹依靠手机来玩的、AR效果令人满意的游戏，也许在不远的未来才能看到了。

第9章 AR 旅游：随时随地，随心所欲

AR技术对旅游业来说具有巨大的意义，它在旅游行业的应用可以有很多的探讨。游客佩戴上AR眼镜或者在手机上安装AR旅游应用，就能获取所在城市的景点和商场等介绍信息，可以了解附近的购物和餐饮信息。

AR旅游，就是运用AR技术让游客与景区实现实时互动，让景区的信息更方便被获取、游程安排更个性化。从游客的角度来讲，AR旅游主要包括AR导览、AR导航、AR导游和AR导购4个方面。利用AR技术和高速的移动互联网，游客可以随时随地进行导航定位、信息浏览、旅游规划和在线预订等，大大提高了旅游的自主性和舒适度。

9.1 AR导览：从2D到3D实景

使用导览，可以点击或触摸感兴趣的对象（景点、酒店、餐馆、娱乐、车站和活动等）以获得关于兴趣点的位置、文字、图片、视频和使用者评价等信息，能深入了解兴趣点的详细情况。导览相当于一个导游员，我国许多旅游景点规定不许导游员高声讲解，而采用数字导览设备，但需要游客租用这种设备。

AR导览则像是一个自助导游员，有比导游员提供的更多的信息，如文字、图片、视频和3D动画，带上耳机就能让手机和平板电脑替代数字导览设备，无须再向景点租用。AR导览还可以提供最佳路线建议，能推荐景点

和酒店，提供沿途主要的景点、酒店、餐馆、车站和娱乐活动等信息。

一、黑龙江省博物馆：好玩有趣的 AR 导览系统

传统的博物馆展览是通过静态陈列物件的形式向参观者输出博物馆的信息，而黑龙江省博物馆新引入了一种通过智能手机进行 AR 扫描，实现虚拟场景叠加现实交互的导览系统。

黑龙江省博物馆始建于 1906 年，是全国首批集历史文物、自然标本和艺术品为一体的省级综合类公益性博物馆。黑龙江省博物馆将 AR 技术融入其中，以趣味互动的方式传达文化信息，扩展参观者对于周围环境的感知，极大地丰富了参观者的体验。

这个 AR 导览系统的使用流程及功能：第一步，下载馆内专属 App。参观者进入黑龙江省博物馆，扫描馆内的"免费 Wi-Fi"二维码，就可以自动连接无线网，然后根据参观者的手机下载对应系统的 App；第二步，体验 AR 导览，打开 App 扫描带有铭牌的展品，通过 AR 的技术实现虚实交互的讲解过程，取代传统语音导览信息单向传达的模式，让博物馆的文化信息生动起来了。

AR 导览通过手机摄像头进行 AR 扫描来实现动画讲解，让博物馆的历史文化信息的传递更有趣味和新鲜感，参观者也乐于去参观结合 AR 等新形式的博物馆。

AR 展品扫描只是 AR 导览系统的一部分，除此之外，还有 AR 室内、室外实景 3D 导览、AR 游戏化导览、AR 文创衍生品等功能性应用，实现了从博物馆入口到游览过程再到博物馆出口衍生品售卖的一整套 AR 导览。

二、日本姬路旅游景点："萌萌哒"的AR数字导览

姬路市是日本近畿地方西部、兵库县西南部（播磨地方）的都市。姬路市是兵库县内仅次于神户市的第二大城市，同时也是中核市。姬路市内旅游业发达，有"日本国宝"之称的世界文化遗产姬路城就座落于此。西部比睿山中的元教寺也很知名，有众多游客前来参观。

日本姬路市采用了AR图像识别与AR技术来发展旅游业，提供创新的旅游形式并提升文化遗迹的导览体验。

利用AR技术做的特色旅游导览应用，体验比较顺畅，不过这个应用只能在当地使用，在其他地方程序是无法开启的。应用里的内容十分丰富，有古建筑大门、指路标识和城墙等。

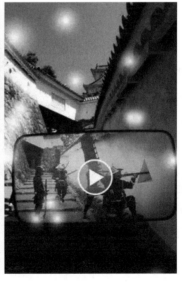

这个AR应用里的模型虽然不是那么精致，但对于导览来说，更需要的是流畅的体验，在这方面做得还是挺不错的。不过这只是姬路市的一个AR尝试，相信以后的版本会有所改进。

三、哈佛大学：AR一日轻松游

哈佛大学推出过一款校园旅游App，将其传统的博物馆音频引导技术进行了进一步的研发并采用了AR技术。

该App被称为哈佛大学的官方移动之旅，是哈弗大学创新实验室运作的"Pivot The World"研发课题下的首个子项目。

当用户点击智能手机上的23个哈佛大学标志性建筑或者"轴心点"时，便可开启自助游之旅。所谓的"轴心点"实际上是指那些已经有几百年历史的雕塑或者景观。当用户将手机对准建筑物时，手机上不仅可以显示其原先的样貌，并且可以听到有关该建筑的相关讲解信息。这项创意在2014年哈佛大学的创业大赛上赢得了2.5万美元的启动资金，当时他们正在寻求新的投资者。

哈佛大学的这款App的图像大都源于"Pivot The World"研发者查找到的现存于档案中的图像。但随着业务规模的扩大，研发者必须对那些少有人踏足的景点寻找新的图像，甚至需要在用户中征集。

四、奥体公园AR：轻松玩转奥林匹克公园

"奥体公园AR"是一款针对自助旅行的游客以北京奥林匹克公园为基础的智慧旅游应用。将AR、语音识别技术、VR和定位技术进行融合。提供实景导览、虚拟导航、实景增强、虚拟拍照、分享推送、在线购票、3D地图和路线推荐等服务，以满足游客在游览前查阅信息和制定攻略的需求。

9.2 AR导航：即使方向感再弱也能游遍全球

AR导航将位置服务加入到旅游信息中，让旅行者可以随时知道自己的位置。确定位置有许多种方法，如GPS导航、基站定位、Wi-Fi定位、RFID定位和地标定位等，未来还有图象识别定位。其中，GPS导航和RFID定位能获得精确的位置，但GPS导航应用则要简单得多。一般智能手机上会有GPS导航模块，可以将互联网和GPS导航完美地结合起来进行移动导航。

AR导航将AR技术和互联网地图整合起来，可以实现3D立体的导航，将导航路线叠加在真实世界的道路上，非常直观，简直是"路痴"的福音！

一、东京阳光水族馆：无敌呆萌小企鹅为你带路

苦于找不到去水族馆的路？打开AR应用，让一大波呆萌的小企鹅给你带路吧。

日本东京阳光水族馆离地铁较远，加上日本街头众多广告牌的干扰，游客经常会迷路。这时打开你的导航地图，小箭头的不定向摆动更是让人一头雾水，到底该往哪儿走？不用担心，小企鹅们已经登场，跟着它们走就对啦！

如此可爱的创意灵感来源于我们会不知不觉地被小动物所吸引的天性，于是水族馆运用AR技术，直达用户内在的情感层面。这个创意的技术由HAKUHODO Tokyo与AR技术专家Junaio合作而成。

在技术上首先运用"运动捕捉技术"采集水族馆里小企鹅的真实走路姿态，之后再与Junaio的AR技术结合。扫描AR定位后，将手机对准道路，GPS小企鹅就会出现。

当小企鹅变身GPS，相信去水族馆游玩的人们一定是身未到，但心情早已被这些可爱的小东西带动起来了。一段长长的街道充满了欢乐，不知不觉地就会使人对水族馆愈发期待。

这个App发布一个月后，呆萌小企鹅为水族馆带来了152%的游客增长。对用户来说，这不仅是一次有趣的体验，同时也加深了他们对水族馆的印象，提升了对品牌好感度。

二、百度地图：3D动漫美女为你指路，从此告别问路

2017年6月，百度地图与热门手游"仙剑奇侠传幻璃镜"达成深度合作，游戏中的人气角色"猫妖檀霜"将入驻百度地图，成为首位"手游AR

向导"。这是百度地图继"图图"之后，推出的全新向导，这也是百度地图
在提升产品功能的同时，将产品特点与用户体验结合的一次大胆尝试。

百度地图内嵌AR导航，AR技术带来的全实景路线更真实、更清晰，
能有效地解决"路痴"的痛点：起点看不懂、路口转向难辨、目的地不易
寻找。

操作方式很简单：打开百度地图，在搜索栏输入目的地，进入步行导航
界面，在原有的"跟我走"导引左侧点击新增的"AR导航"，百度地图就会
自动打开用户手机中的摄像头，快速呈现出全实景路线。

导航过程中，用户不必反复查看地图路线信息，只需要结合语音导航和
真实街景即可轻松找到方向，顺利抵达目的地。步行导航中，始终结合AR
第一视角进行POI导览、辅助决策和指引导航等服务。同时，用户可自由切

换步行AR导航与普通导航两种模式。

步行AR导航的界面还包含了罗盘、路线、转向标、途经点和终点气泡、滚轴诱导提示和路线全览等元素，顶部的诱导提示与步行导航保持一致，辅助用户了解具体的路线距离，能有效化解"路痴"找不到方向和目的地的尴尬。

三、随便走：用AR地图导航拯救"路痴"

在一个陌生的街角，想知道附近有什么美食；在地铁站不知道哪个出口出来才是自己想要去的方向；在逛街的时候突然内急，不知道哪个位置有公共厕所……遇到这些棘手的问题，通常做法要么问人，要么用地图App搜索去规划路线。对于方向感不好的人来讲，这些解决方案依然是一件不太轻松的事情。移动App"随便走"，要解决的是让"路痴"拿出手机，不需要辨别方向就能知道前方有什么，该怎么走。

用户在应用中选择想要的类别，如选择美食，就会直接进入摄像头的界面。举着手机对着前方，屏幕中会出现一些圆角矩形的图案，你就能知道在这个方向的一千米左右的短距离内，有哪些可供选择的餐厅。点击矩形标签就会知道店铺的详细信息、联系方式和评论等资料。举着手机转圈，还能发现其他方向上被自己忽略的美食距离自己有多远，从而直接作出选择。你不必再在电子地图的界面上点击那一个个红色的地理位置标签，去了解这些标签都代表哪些餐厅了。

"随便走"的产品功能设计与2012年诺基亚推出的"城市万花筒"（City Lens）功能十分相似。它基于位置和传感器，通过增加现实的磁贴，标识出前方的餐厅、车站和电影院等信息。

　　"随便走"具有步行导航的功能，在锁定商铺后，下方会出现绿色的指示箭头，点击箭头会在手机界面构建出虚拟的绿色道路。你只要按照绿色的虚拟道路标记的路线向前走就好了，它会指示你向前走多远，需要在哪个位置拐弯。"随便走"会自动识别用户是否在虚拟的路线上走，如果偏离15米左右，它会给用户重新规划路线。用户也能根据自己的需求，直接输入自己要去的地点，通过"随便走"来规划路线。

　　这样直观的标识非常实用，哪怕就让人知道大致的方向也是很有用的。但是，这样的路线指示只可以作为参考。整体使用下来虽比较准确，但也不能尽信。考虑到现实道路中存在的障碍、未知的危险以及手机定位本身的误差等因素，还不能完全只靠软件而不顾日常的生活实际了。

9.3 AR导游：扔掉旅行手册吧

AR导游，在确定了位置的同时，在网页上和地图上会主动显示周边的旅游信息，包括景点、酒店、餐馆、娱乐、车站、活动（地点）、朋友或旅行团友等的位置和大概信息（如景点的级别、主要描述等，酒店的星级、价格范围、剩余房间数等，活动的地点、时间、价格范围等，餐馆的口味、人均消费水平、优惠信息等）。

AR导游支持在非导航状态下查找任意位置的周边信息，拖动地图即可看到这些信息。周边的范围大小可以随地图窗口的大小自动调节，也可以根据自己的兴趣（如景点和某个朋友的位置等）规划行走路线。

基本的信息，如古迹或旅游景点的介绍等，都可以用AR数字化展现。AR导游可以根据个人的不同需要和兴趣，提供个性化的、丰富的信息。各种基于地理位置的服务，如天气预报、附近的Wi-Fi热点和交通枢纽都可以呈现出来。另外，AR导游还可以提供各种主观性的信息，如关于目的地的各种评论、根据个人兴趣而推荐的地点等。

一、香港游Discover HongKong · AR

2011年香港旅游发展局与国泰航空公司联合推出的"香港·AR旅游导览"App，是一款拥有基于AR技术的智能手机旅游程序，它经常出现在香港旅游发展局的推介广告和宣传材料当中，并且在香港能通过8000个电信盈科计算机CW的无线网点免费下载。

该应用将手机的摄像头瞄准身处位置的四周环境，手机屏幕上便会显示出附近的主要景点、商店、餐厅和地铁等信息，用户点选后，便可获取详尽的资料。通过"范围"控制，可将需要扫描的区域设置在500米至3万米的范围内，随着屏幕的转动，手机上将标注出周边景点所在的方位和距离，游客可以非常方便地判断和选择目的地，只需沿指示的方向前进，便可找到目的地。这种"立体"的旅游探索方式带来了全新的旅游体验。

该应用整体体验非常"炫"，操作流畅便利。提供了英语、简体中文、繁体中文3种语言，首页设计通过精美自动轮换的大图展示香港最具特色的人文和风景。

此应用也充分考虑到了手机漫游上网不便的问题，做到不上网也可以使用（包括离线地图以及所有数据资料，同时提供"手动更新"功能），这对于来香港旅游的游客来说，无疑是非常方便和人性化的。

继"香港·AR旅游导览"App之后，香港旅游发展局再次推出一款应用基于AR的智能手机旅游程序"香港·都会漫步游"（DiscoverHK·City Walks）App。通过内置4条已经规划好的主题游览路线，带你体会这个城市的古今魅力。

二、山东淄博周村古城

古城已经与联想AR眼镜New Glass合作，游客佩戴眼镜后，原本平淡无奇的古建筑会自动用图文、视频讲述相关的典故和来源。让旅途摇身一变，化作一场穿越回百年前的神秘之旅！

旅游在我们的生活中占有重要地位，当游客来到一个陌生的城市，即使有导游或者地图也相当受限。在短暂的旅途中，游客不能很方便地融入当地的文化、环境和生活，也有可能在一些著名景点拍了照片，但却未能了解相关的文化知识，事后又很快将此地淡忘。联想New Glass将周村景区信息定制化地写入产品模块，通过AR技术实现场景的自动识别，将景区内容通过视觉、听觉技术全方位展现，用户可以感受到周村古商城百年前的魅力，仿佛穿越时光隧道般。

三、首尔旅游必备：AR导游应用i Tour Seoul+

韩国首尔的地方交通状况如何，什么东西好吃，什么东西是必须要看了才能走的？别着急，首尔市官方旅游App "i Tour Seoul+" 为计划来韩国旅行的游客们贴心打造了一个全面的门户。

把 "i Tour Seoul+" App下载在自己的手机里后，就相当于带着10本旅游书，完美地代替了导游的角色。在首尔市官方旅游App里不仅有首尔地铁路线图，而且还有公演和韩国美食等各种新鲜出炉的旅游信息。

特别的是，在 "i Tour Seoul+" 中可以使用AR功能，如果好好利用这个功能的话，就算是在陌生的韩国也可以一个人旅行了。这个功能的使用方法是，在下面菜单栏按 "AR" 这个选项，然后扫描一下首尔市旅行导游手册里你要去的地方就可以了。

使用这个功能可以把只能平面表现的地理信息通过立体图展现出来，可实时获得景点、美食等旅游信息，使人能在脑海里构画出来，给游客一场更愉快的首尔之旅。

四、厦门曾厝垵：国内首个AR旅游村

曾厝垵位于厦门岛东南部，独有的厝村文化吸引着世界各地的游客，没有谁能抗拒它的魅力。

2016年5月，曾厝垵引入AR技术，打造中国首家"AR旅游村"，让游客品味各个景点背后的故事。AR技术与曾厝垵的结合，改变了传统旅游走马观花的形式，把更多的趣味和互动创新形式推向大众。在"AR村"里，只要是带AR认证标志的物品都可以扫，它用AR的科技"讲述"一些景点背后鲜为人知的故事。

当你穿过一条有间杂货店的小街道，扫一扫杂货店里的包装袋就能够出现这个店背后的故事。

当你走进红砖古厝和南洋风格的"番仔楼"，扫一扫门牌就能重回历史，感受之前的文化场景。

当你走到一间客栈，不需要进去，扫一扫客栈的招牌就能看到整个客栈的环境和房间的具体信息，甚至还可以预定房间。

或者是走在曾厝垵的大街小巷，墙上的涂鸦、窗户上的贴纸、明信片上的图片和包装袋上的品牌标识都能通过"卡播"呈现出来更多的内容标，游客还可以把自己的故事储存记录在这些可扫描的图案上。

AR技术将使旅游在曾厝垵变得更加有趣和简单，未来将有更多商家接

入AR技术，相关负责人说，通过打造"曾厝垵AR旅游村"，可以带给游客更好的旅游体验，也能吸引更多的商家、用户积极参与进来，共同促进曾厝垵的文化、旅游等事业的发展。

五、彝人AR特色小镇

特色小镇这两年受到了越来越多的关注，意在强调发展成小而美、专而强的小镇。在旅游+城镇化、大力发展乡村旅游等旅游业发展框架下，特色小镇的建设将进一步走上快车道。

AR技术的加入便可通过生动又新颖的展现形式极大地突出特色小镇的特色，通过唤醒小镇背后的文化来为众多特色小镇的IP打造过程锦上添花，通过提升的用户体验来让特色小镇更加与众不同。那么，AR带给特色小镇的是什么呢？

1. 惊喜的用户体验

当你站在古城之上极目眺望时，在AR技术的帮助下，你会对古城的所有情况一目了然，会不会为你抹去一丝迷茫；当壁画中的人物被AR技术复现在你面前，跳起欢快的舞蹈时，你会不会感到惊喜；当你打破时空的边界，和被AR技术唤醒的虚拟人物合影时，你会不会高兴地把照片分享给你的朋友。

2. 营收的增长

通过AR技术的嵌入，景区本身的特色被强化，IP打造过程加快，提升了的用户体验，有助于形成口碑传播，进而通过增加人流量以及和AR眼镜租赁来增加营收。

3.运营的科技化

随着AR技术的加入，景区的运营模式及运营手段也将有所变动，自助订票、酒店入住、纪念品介绍等过程也将更加快捷且充满科技化。

4.传统文化的传承

AR的展现方式可以让游客对景区独有的传统文化有更深层次的了解和体会，进而将有利于很多稀有的、宝贵的传统文化的传承。

9.4 AR导购："剁手族"的利器

经过全面而深入的在线了解和分析，消费者已经知道自己需要什么了，那么可以直接在线预订（客房、票务）。只需在网页上自己感兴趣的旁边点击"预订"按钮，即可进入预订模块来预订不同档次和数量的商品。在未来的旅游过程中，AR导购将全面引入智慧旅游，旅游将跨入一个全新的时代。

一、AR美食导购利器Yelp：吃遍全球美食

点评网站Yelp，在iPhone版App中推出了名为"Monocle"的AR功能。Monocle刚推出的时候是一个隐藏功能，需要打开Yelp，晃动手机3下之后才能启动。通过iPhone内置的GPS和指南针，在你走入一家餐馆之前，Monocle可以显示出他人对这家餐馆的打分和评论。你也可以点击列表中的"其他"选项，选择你更喜欢的餐馆。

Yelp在很多方面都能做到了快人一步。在前几年Yelp就推出了它的第一个AR应用，类似的应用在很久之后才开始纷纷涌现。这个应用很方便，

它利用智能手机的GPS和指南针实时显示附近餐馆、酒吧和其他服务场所的AR标识，每一个标识都有用户生成的评级和评论。如果你登录Yelp账户，这个应用还会显示你有哪些朋友就在附近，他们最近在哪些场所签到。还可以通过AR标识看到使用该应用的朋友、家人、同事和其他人，是你发现附近最佳店铺的一个利器。

Yelp把Monocle和呼叫功能一并导入，用户可以运用定位设备找到自己想找的店铺。只需要将手机的摄像头对准相应的方向，屏幕中就会显示出餐馆的信息。

二、Airbnb体验使用AR预览房源

Airbnb是一个旅行房屋租赁社区，用户可进行发布、搜索度假房屋租赁信息并完成在线预定等。Airbnb成立于2008年8月，总部设在美国加州旧金山市，被《时代周刊》称为"住房中的eBay"。

　　由于偏好或时机问题，Airbnb的房客通常都不会和房东会面。有时候只是因为房东在白天没空与房客见面并迎接他们，而改变这种情况的技术已经出现。通过使用AR技术，虚拟的Airbnb房东会带房客参观房源，并且与他们互动，房客可以四处走动，探索房子的环境。当房客逛到不同的地方，房东可以向他们介绍房内的某些物品或住宅的特色。

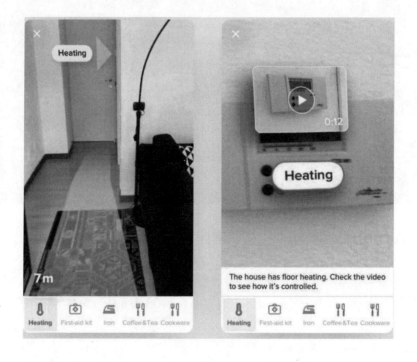

AR对于Airbnb还有很多其他妙用。过去如果屋内有些较难理解如何使用的设施，Airbnb屋主都会将说明写一个便条纸贴在冰箱或墙壁上，甚至是制作成图文的电子文件。不过设计师利用苹果新的iOS开发工具ARKit设计出一套AR房屋说明书，结合手机地理感测装置功能，屋主可以把使用说明定位在特定物品或位置上。

房客在Airbnb的App上可以看到说明的位置清单，点选其中一项后拿起手机，屏幕上会有箭头指向正确位置，当到达该物品的位置时，屏幕会跳出覆盖的指示说明，让使用者可以更精确地理解。从设计师制作的示范影片来看，有点像是在玩手机游戏，借由AR的力量让说明立体了起来，同时也节省了资源。

第10章 炙手可热的AR建筑与房地产

AR技术因其直观、互动、制作成本较为低廉的特性，已经开始受到地产和建筑界的高度重视，部分房地产开发项目已经开始试探性地运用AR技术，尤其在营销与设计中，将过去的很多不可能变成可能、不方便变得方便。

10.1 AR与建筑

建筑的全生命周期是指从材料与构建生产、规划与设计、建造与运输、运行与维护直到拆除与处理（废弃、再循环和再利用等）的全循环过程，AR技术则在这个循环过程中的各个阶段都对建筑行业产生了变革性的影响。

一、AR与建筑设计

可视化的设计是设计师之间共享设计视角、进行协同设计的关键。一个更加直观的可视化平台对于如今需要有效地处理数字信息的建筑设计行业来说更是必不可少的。AR技术作为一种可视化的手段，为建筑设计领域带来了变革。

AR技术通过将3D效果投影到已有建筑物上，帮助建筑师决定增加哪些设计、如何对建筑物增加设计以及做出何种改动。

在微软的Build大会主题演讲上，微软展示了其在建筑测绘等工业领域的强大应用。设计团队可以在现实的物理环境中查看3D模型并与之互动，探索在以前无法看见的建筑性能。用AR来处理复杂的数据交互且能增进交流，还可以让工程项目的参与方之间进行基于3D模型的远程协作。

设计阶段主要侧重的是对设计理念的呈现和再改造过程中的模拟，即不施工就能看到设计理念成型后的样子；而施工阶段则主要是为了方便工人施工，目的是防止施工过程中由于对照图纸和实体的过程中产生的误差和时间的浪费。二者服务的主体不同，目的不同，但是采用的技术是相同的。

二、AR与建筑施工

建筑师们在工地上用眼睛不停地在图纸和建筑物之间切换，不仅消耗精力，可能得出结果也不够准确。在施工现场，从平面图纸提取施工数据，需要专业化水平非常高的现场人员来完成，而且容易出现误读等情况。AR可以根据设计图稿在已完成部分建筑基础上模拟出显示效果，通过AR技术加载虚拟的施工内容，能减少由于对图纸的误读和信息传递失真所造成的巨大损失，减少施工人员反复读图、识图所耗费的时间。

在建筑前手持平面图还是很难将眼前实际的建筑物与图纸上的设计图合而为一，但有了AR技术之后，平板电脑就能帮我们实现这样的操作。将图纸预先存在AR应用中，用平板电脑的摄像头拍摄建设中的建筑物，可以随时将实景与设计图进行更加立体直观的比对。

与此同时，AR技术还可以显示建筑中隐藏起来的基础设施，如地下线缆、管道等，避免施工人员因为失误而破坏到已有的设施。

三、AR与建筑装饰

简单来说，有了AR技术，"小白"也可以成为家装大师，可以随时随地地在客户端上直接获取装修模型，呈现在自己的设计中。所有的模型可以在场景中随意移动、替换、摆放，像游戏一样简单，并可在其中漫游、查看任何一个房间和细节。场景中画面、光线、物品动态实时渲染。有了AR技术，家装设计分分钟搞定。

于是，宜家（IKEA）这个家居装饰的领头企业率先尝试了AR技术与装饰进行结合。对于消费者来说，买家具最难的是如何确定这些家具是否适合自己的房子。为此宜家公司推出了采用AR技术的应用，用户可以看到家具在自己家中的3D模拟效果。通过AR技术，让客户实现了足不出户就能选购好自己心仪的家居装饰。

随着AR技术的不断进步和发展，可以预见未来的建筑领域将会因此而带来更大规模的改变。

10.2 挖掘下一个金矿：AR与房地产

AR在房地产领域的很多方面都可以发挥大作用。

一、项目的招商和审批

传统的效果图精美，但是修饰过多很容易让人觉得不真实。而把楼盘做成立体图形以及真实场景的构建，VR可以让人沉浸在整个建筑里面，AR可以直观地展示户型外立面以及户型结构，从而使人对建筑进行决策和分析，以便做出最佳方案。这样既能提高房地产的潜在市场价值，还可以提高土地利用效率和审批成功率。再者，将AR技术用在大型项目的展示上，可以让目标受众产生强烈的兴趣，项目决策者的诉求更容易被认同，能使项目审批顺利通过，为项目的开发争取宝贵时间。

二、先进的设计工具

AR不仅是一个很好的演示工具，同时也是一个完美的设计工具。在一栋大楼建造前，往往需要对大楼的结构和外形进行构思和量化，这个过程中会产生大量的图纸，而这些图纸只有专业人士才能看懂，外行人根本看不懂。并且，这些图纸也只是"纸上谈兵"，根本看不到真正的效果。而AR可以将实体的沙盘模型转换成数字化的，让人可以清楚直观地看到设计的最终效果。

三、有效的营销手段

在房地产销售中，传统的做法是制作沙盘模型。由于沙盘需要经过大比例缩小，因此客户在观看的时候并不能以正常视角观看小区的建筑空间，更体验不到真实的建筑场景。同时，模型制作完成后，修改成本非常高，几乎没有修改的可能性。应用VR技术，突破了传统的沙盘和效果图，可以让客户真实地体验到建筑的格局，在虚拟样板房漫游中，甚至可以看到窗外的美景，给客户留下深刻的印象，从而使客户更快决定购买，提高销售效率。

四、快捷的传播途径

AR可以应用在网络媒体中，能更方便快捷地传播产品信息。而AR移动端只用一个App，客户只要下载扫描底图就可以看到真实的、立体的户型效果，相关的交互按钮增加了客户的参与感。还可以把内容分享到社交媒体上，让更多的人看到，这种自发的宣传才是最有效的。AR的大屏互动则是聚集人气的利器，在营销点或者房交会摆一台展示机，会吸引大量的消费者，从而提升品牌形象，使得产品在众多项目中脱颖而出。

与传统的房产销售方式相比，AR解决方案的各个指标优势显而易见。它们在房地产中的应用可以大大提高项目规划及设计的质量，降低成本和风险，加快项目实施，加快相关部门对项目的认知和管理，极大地提升开发商的品牌形象，促进房产销售。AR是一种更加先进、全面的营销方式，也是更具备竞争力的营销手段，必然会给房地产行业带来长远的利益。

10.3 房地产AR应用案例

一、上海万科首度将AR技术引进产业地产

2016年6月8日，上海万科产业园区AR产业联盟成立仪式暨徐汇万科中心虚拟沙盘发布会成功举行，意味着上海万科产业首度将AR技术落地到产业地产项目中，无论对于推动产业地产前行还是AR行业发展都起着重要作用。

发布会上，用AR技术加载的徐汇万科中心虚拟沙盘首次公开亮相，令现场嘉宾眼前一亮。上海万科摒弃传统的沙盘展现形式，通过运用AR技术率先对房地产虚拟展示，生动深刻且具有未来感的房地产展现方式在国内乃至国际上都是领先的。发布会的开始，现场通过AR互动的形式与虚拟变形金刚进行对话，讲述万科在开启商业地产的同时打造产业生态，并且通过上海万科产业服务品牌星联合跨界资源形成今天的AR/VR产业联盟。供应商也为大家讲述在面对AR/VR浪潮到来之际，如何通过AR手段为产业服务平台上的众多企业提供创新展示技术支持，助推传统产业的转型与变革。而

此次顶尖企业之间的强强联手也驱动着彼此产业走向新的"视"界。

作为上海"地王级"项目之一的徐汇万科中心,万科在打造超大型商办综合体的同时,也改变了城市的脉络,成为一个城市名片项目。不仅是立体化商业形态,更多的是一种生活方式、一种文化和运动的风格,成为了一个具有号召力的城市目的地,一个可持续性的建筑理念。而此次通过与AR技术合作展示也获得了全场的赞赏,观众们无不惊讶于AR技术的艺术性与科技服务生活的便捷性。

AR的拓展范围非常广泛,不仅在此次万科的虚拟沙盘展示上,甚至在房地产宣传单页的使用上也非常具有价值。传统的房地产宣传单页只能阅读里面的文字和图片,但是对于想进一步了解楼盘的人来说是远远不够的。而通过AR技术的加载,宣传单页的作用被大大提高了,它不再是一张平面二维的图文展示,而是能够令用户自己操作,可以了解到该房产的三维立体空间户型图,并且还能进行互动,能够使该房产的推广和展示效果得到大幅度提升。

AR用科技和数字交互技术打开了一扇超乎想像的科技创意体验大门。打开这扇大门,购房者就能够进入一个可以看得见、身临其境的未来世界,亲眼看到几年后才建成的小区环境以及样板房的格局,而不再是只凭自己想象未来的"家",AR将楼盘更加立体、形象地展现给客户。

运用AR技术将实景视频、图像以及现实场景融合,并且AR的视觉传达使展现形式更具完整性、时空感和互动性,这也是任何现有视觉媒体所不能实现的。移动互联网已经改变了用户的行为模式,也对市场营销环境与手段带来了革命性的影响,而数字技术更是为营销传播插上了一双充满想象力的翅膀。通过AR技术的加载将为房地产营销带来颠覆性的体验。

二、扫一扫便可看到能交互的3D房屋模型

大家是否在买房的时候会对着房屋设计图抓狂？很多人对着房子的户型图无法想象出房子里的环境是怎样的，只能实地去看房才知道是怎么回事。因此，英国公司Virtual View制作了一款AR的App，使得人们只要用手机或平板电脑对着房子的图片一扫，就能显示出它的3D模型，使人能直观地了解房屋情况。

在扫描了杂志或者广告上的地产图片后，Virtual View可以在移动设备的屏幕上显示房屋的3D模型，并且用户可以在现实中与虚拟模型交互：通过手势来旋转3D模型，查看每个楼层以及周围的环境等。房地产商可实时查看使用Virtual Veiw观看了模型的人数和他们查看的户型等数据。

目前市场上的AR应用并不少，包括Layar，Tagg AR等，然而Virtual View这样专注于特定细分市场的AR技术公司却并不多。除了AR技术外，廉价的3D建模也是Virtual View的亮点。比起传统的3D建模，Virtual View的技术使其能以更廉价的方式建立充满细节的房屋3D模型，在Virtual View的App内和普通计算机上都能显示。此外，使用Virutal View进行地产宣传的公司还可以实时监测3D模型的查看次数和种类等信息。

三、网易洞见：AR开启未来房地产科技化新蓝图

经历了风云跌宕的2016年，中国房地产市场已经进入了全面转型期。如何有效利用新兴科技，助力产业升级，实现旧格局与新机遇之间的转换，占领未来5年的行业先机，是每一个房地产商都将面临的严峻考验。AR以其独特的虚实结合、亦真亦幻的表现形式以及低门槛的多元互动体验备受广大用户的青睐。

网易洞见搭载自主研发的AR引擎，只需一个手机或平板电脑，即可实现AR沙盘、AR宣传册和3D空间展示，从传统的平面化升级为立体化互动展示。

针对智慧社区和精装房，网易洞见提供了一体化的AR交互解决方案。网易洞见用AR技术联接互联网设备，不仅能够实现对设备的信息获取，更能提供自然顺畅的人机互动；通过挖掘现实物体的深度信息，改变用户获取和理解信息的方式。

四、链家地产的AR游戏之路

链家地产推出的"寻宝奇侠赚"AR游戏，用来寻找散布在各地的"金

钥匙"。下载该应用并在地图上找到一些地点，然后拿着手机去这些地点，利用手机的摄像头去发现漂浮在那里的钥匙。这些钥匙需要以链家地产的门店为中心来寻找，利用AR，在找到不同数量的钥匙之后，你可以打开不同的宝库，然后就可以去链家地产换取你的礼物了。

　　房地产行业的专家预计，AR将在未来几年产生巨大的影响。无论是为寻找房地产的潜在客户服务，还是地产商展示位置或建筑工人对蓝图的变化进行可视化等，AR都将对房地产行业的业务发展产生持久的影响。

第11章 AR引发传统汽车行业大变革

AR技术的应用逐渐从计算机等电子产品进入到汽车产品领域。我们熟悉的带轨迹线的倒车可视功能，其实就是一种较为简单的AR技术的应用。再进阶一点的AR技术就是HUD（HeadUpDisplay，抬头显示技术）。未来的10年，随着AR技术的成熟，汽车上将越来越多地引入AR技术。

11.1 汽车巨头纷纷试水AR

一、宝马专为车主配备的AR眼镜

2015年，宝马联合高通推出了一款专为车主配备的AR眼镜—— Mini Augmented Vision。带上这款AR眼镜，驾驶员在开车时可以看到导航数据、行驶速度、限速提示和岔口信息等。司机在开车时如果经过了喜欢的餐厅、服装店，AR眼镜里的虚拟屏幕会有相应提醒；用户收到的手机消息也会在眼前的虚拟屏幕上显示，内置的音频功能会读出短信内容，这样你的视线就不用离开路面。此外，汽车周边的信息也可以显示在眼镜上。整个行车过程，司机只需专注眼前的一个屏幕就可以在安全驾驶的同时处理各种事情。

Mini Augmented Vision最有趣的地方是停车功能。眼镜会指引你来到一个空的停车位，并且显示出来自侧镜的图像，这样在你挤进两车之间的停车位时就可以清楚地看到车到路边的距离。"X-Ray View"模式下可以让你看到被车身挡住视线的其他物品。

Mini Augmented Vision 在设计上向传统时尚太阳镜靠拢，有黑金、白蓝等多种配色。不过，由于需要融入普通镜片、抬头显示器、摄像头以及其他电子元件，所以造型上还是略显厚重一些。Mini Augmented Vision 支持Wi-Fi、蓝牙、GPS，可以与智能手机连接以获得蜂窝数据网络。

宝马集团研究和技术中心的 Mini Augmented Vision 项目经理解释说："Mini Augmented Vision 表明宝马 Mini 汽车和投影相关内容的智能眼镜的结合在未来也许能行。我们通过和高通公司的合作，已经创建出一个互联系统，以及带有典型 Mini 风格的 AR 眼镜。这款眼镜将彻底提升车内和车外的视觉体验。"

高通副总裁说："宝马 Mini 的 AR 设备为我们展现了 AR 技术现在能做的，同时也让我们看到了未来努力的方向。"

二、克莱斯勒 AR 看车，随时随地

在 2016 届世界移动通信大会上，菲亚特克莱斯勒汽车集团发布了一款沉浸式汽车销售应用原型。该 AR 应用软件由埃森哲数字服务部利用谷歌的Project Tango 开发者套件设计和制作，旨在为购车客户提供全新的、独特的数字化体验。用户在没有真正试驾体验的情况下，就能通过显示增强技术来虚拟体验一把。

购车客户只需手持装有这款应用的设备，而无需佩戴具有束缚感的头盔或眼镜，通过借助集成化的传感技术以及 Project Tango 提供的空间和运动的感知能力，可以让客户全方位地了解一部实际大小的汽车（可以从车辆四周和内部进行查看并更改个性化配置）。

在埃森哲的演示中，车门可以打开并呈现逼真的内部细节。客户只需轻点设备屏幕，便可更换内饰颜色及仪表盘风格。埃森哲还提到，Project Tango技术使移动设备具备了接近人类的实体世界感知能力。这一方案将新的空间感知技术引入安卓设备，并添加了专业计算机的视觉和图像处理功能以及专用的视觉传感器。Project Tango设备能全方位地映射周围环境，这意味着当它移动时，能够和人一样感知并查看不断变化的环境。因此，在客户通过这一设备观察样车的过程中，虚拟车辆也会随着用户的移动而调整位置。

据介绍，菲亚特克莱斯勒车辆配置解决方案的用户能在几乎任何环境中围绕与实体车辆同等规模的图像自由地观摩，这是典型的现实增强实现：在设备上看到汽车的虚拟呈现，而且这辆车就在你家的房子旁边，这样人们也就更容易了解这辆车是否适合自己。

埃森哲率先开发出这一解决方案或许意味着通过利用新一代移动设备，使车辆购置的决策流程实现彻底转型。菲亚特克莱斯勒是首家使用这种数字化车辆配置工具的汽车品牌。现有的汽车配置程序非常枯燥，而借助该工具，如果能在自己家里感受这个过程，虽然是虚拟的，但也的确能够帮助人们决定是否考虑选择某款车型。

三、奔驰用AR打造汽车安全救援的得力帮手

由于高压电缆的分布、电池的摆放位置以及其他新奇的工艺设计，因此在切割不同品牌的汽车时所面临的风险是不一样的。正因为如此，汽车切割逐渐成为现场急救人员面临的全新威胁。

为了让现场急救人员的工作变得更容易一些，奔驰借助AR技术开发了

一款名为"Rescue Assist"的救援协助App，它能提供包括汽车品牌在内的大量数据。在AR技术的帮助下，现场急救人员能够迅速找到进入汽车的最好方式，甚至可以清楚地看到每一块金属板下面是什么，并判断切开它是否有危险。

"Rescue Assist"可以在不联网的情况下直接使用。它的应用范围包括了1990年以来奔驰汽车的所有车型、1998年以来Smart系列的所有车型以及1996年以来所有奔驰轻型商用车的车型。即使是1990年产的老奔驰汽车，也可以要求经销商贴上一个二维码，使用App扫描二维码便可找到相关数据信息。

四、丰田86用AR赛车游戏吸引粉丝

丰田从1965就开始制造跑车，当时的Sports 800被誉为日本第一辆"Super Car"。2012年1月，丰田86继承了该公司跑车的基因，正式面市。为了可以打入年轻人市场，Fuerte International利用Vuforia为丰田开发了一款AR赛车游戏——"丰田86实景赛车"（Toyota 86 AR）。与其他AR应用一样，丰田86实景赛车游戏的官方网站也可以下载到识别卡，不过不同的是官方提供的识别图案尺寸多样，按照一定比例所打印出的识别图片可以生成与真车同比例大小的模型赛车，让没有购买到真车的用户体验一把真实赛车的魅力。

细观汽车模型的局部，可以看到模型的贴图十分细腻，车身的反光效果也很好。不过比较遗憾的是它没有制作透明的挡风玻璃和汽车内饰，但是考虑到如果不用最大比例识别卡，汽车的体积是比较小的，所以这个遗憾也可以忽略了。可以通过屏幕上的虚拟按键对生成的汽车进行控制，按钮的设计

有点像是遥控赛车的遥控器。由于是虚拟的遥控车，所以不存在真实遥控车般的控制延迟感和对赛道地面平整度的要求，赛车的整体操作比较灵活。车辆的仿真度也非常好，不像一般遥控车那样重量感不足，这一点通过控制车辆转弯时的飘逸轨迹和赛道上留下的虚拟胎印可以体现出来。

丰田86实景赛车游戏提供两种游戏模式：一种是无障碍物的场景；另一种是用障碍物围成的"8"字形赛道。在有障碍物的赛道中，玩家的车辆也可以无限制地随意奔驰，当车辆撞到障碍物时会根据真实的碰撞原理出现障碍物被撞飞的效果，通过右上角的复位键可以将赛道和车辆复位到识别卡上。

这个游戏的玩法很简单，通过摄像头扫描印有"Made to Thrill"主题的图片，就会有一辆丰田86汽车出现在屏幕上。可以利用操纵杆来控制它的加速、转弯或漂移。这款游戏发布10天后，下载量就超过了7万次。

11.2 AR 渗透汽车全链条

AR技术早已渗透进汽车产业的各个环节，从设计研发、生产制造、销售及用车到维修等都有AR技术的应用。

一、汽车研发设计：沃尔沃使用AR眼镜进行设计协作

在汽车行业，AR技术已经被运用到了汽车设计领域的方方面面，每位汽车设计师都有机会成为"钢铁侠"。

随着建模在汽车设计过程中发挥的作用日趋上升，汽车制造商沃尔沃率先把微软的AR眼镜HoloLens纳入了汽车设计中，比传统的汽车设计方式要方便很多。

沃尔沃之所以要当这个领域"第一个吃螃蟹的人"，是因为这样做能够营造一种VR和AR的作业环境，让工程师们更有效地与数字模型以及各种数据进行交互。AR技术为汽车早期阶段的设计提供了很大的便利。

以沃尔沃90系列为例，他们正在使用的SPA（整车平台架构）早在XC90或S90出来之前就已经在计算机上经过了数百次的设计和测试。从碰撞测试到悬架动力、驱动性以及震动噪声，一切相关的项目都可以在计算机内模拟和测试。从而让厂商把设计的成本降到最低，而把效率提升到最高。

作为协助工具，HoloLens比VR头盔更为适合。沃尔沃打算把HoloLens用于工程和设计会议上。试想一下，在同一个会议室里，工程师们能够随意走动在悬浮的悬架之间，不需要打断与同事间的交谈，也免去了撞到异物的担忧。

比起使用幻灯片和挤在CAD终端面前指点江山，这种高科技的方式能

够促进工程师和设计师们更高效地进行跨学科沟通。从而把汽车硬件设计的速度提上来以便与软件开发的速度相匹配。

二、汽车生产制造：保时捷发展AR质量检测系统

对于一个豪华车生产制造商来说，质量检测的焦点在于如何让自己和其他品牌产生差异化。位于德国莱比锡的保时捷组装工厂内部成立了一个AR项目小组，其目的是为了在车辆发给全球的消费者之前进行质量检测，以确保每辆车都合格。

保时捷莱比锡工厂生产两种SUV汽车（卡宴和麦坎），还有小轿车帕拉梅拉。AR质检就是被应用在帕拉梅拉的生产线中，作为实验的试点项目之一。该小组使用激光扫描供应商的零配件，然后和云端数据库进行匹配比较。在工厂的车辆生产现场，技术人员可以用平板电脑拍摄车辆组装生产线上的汽车，然后照片会自动上传到云端数据库与零件的精准尺寸进行比对，并查出有问题的地方。

这个AR质检项目仍处于初期阶段，其最终目的是使超精度相机和云端的汽车零部件数据库直接相连，可以对组装线上有问题的零部件进行实时地检测分析。

此外，AR还可以在生产车间中培训技术人员和工程师，为他们提供亲身实践经验。例如，汽车零件大厂德国博世（Bosch）就通过AR技术和Oculus Rift头显来培训近万名服务技工。这个全国性的培训之旅一共经过750个站点，提供10分钟的虚拟课程，让员工更好地加工汽车引擎。在AR环节，启用虚拟协同定位后，相关技术的专家可以远程提供手把手的指导。

AR技术并不是未来的技术，现在世界各地的汽车工厂都已经在应用这

项技术。任何的模拟或现实情况都比不上一个增强化了的动手操作体验。借助AR技术，汽车制造能减少成本、提高生产效率、减少人工错误并提高整体的安全系数。

三、汽车销售推广：奥迪AR应用让你深入了解汽车

奥迪公司最近发布了一款新的iOS应用，名为eKurzinfo。它利用iOS设备的摄像头以及AR技术，帮助用户发现并了解汽车的功能。这款应用主要是针对奥迪A3车主设计的，应用中包含了300多个介绍条目，从汽车的雨刮器到油杯盖应有尽有，详细、直观、易懂。

AR技术能让汽车厂商和经销商在互联网平台上的展示维度变得更为丰富，能根据用户行为判断其兴趣程度来搜集潜在客户。利用AR的方式，还能够打通广告营销和销售的整个链条，降低经销商的营销和销售成本，提升效率并促进销售转化率。

四、汽车售后：现代用AR取代用户手册

还记得上一次购买的商品中附带使用手册是什么时候吗？然而随着互联网时代的到来，已经有越来越多的用户和厂家放弃了这种手册，毕竟大家更习惯在网络上寻求帮助，而不是像看工具书一样地去寻找并思考问题之所在。相比之下，汽车行业的这一转变，确实没有智能手机等商品变化快，但是现代汽车已经决定主动发起改变。除了用户将手册放入一款App中，它还提供了配套的AR体验。

作为一款全新的互动式工具，"现代汽车虚拟指南"（Hyundai Virtual Guide）能够带你领略汽车的里里外外。应用中自带了82条相关的视频、6

个三维覆面图像以及50条信息指导。实际上，这种数字手册算不上是新奇的发明。但它的特色在于加入了AR的体验。这使得用户不仅会觉得有趣，还会觉得更加有帮助。你无须再尝试将各种图表与实车匹配起来，只需拿起手机或平板电脑并对准汽车，通过2D和3D追踪，应用就能够自动识别这是汽车的哪一部分并给出相关的信息。相关指导涵盖了空气滤清器、智能巡航控制、警示标志、机油和制动液等多方面的信息。

11.3 AR-HUD快速发展：开车就像开战斗机

还记得电影《碟中谍4》中的宝马i8概念车吗？在该车前挡风玻璃上的影像不仅可以显示导航信息，还能在肉眼未见前，显示出前方路面出现的行人和障碍物，而触控操作更是令人炫目。事实上，倒车可视、HUD、全景影像等都是AR技术在汽车领域的成熟应用。

　　HUD最早在通用汽车上实现。1988年，美国通用汽车旗下的奥兹莫比（Oldsmobile）汽车公司在其第五代"超级弯刀"（Cutlass Supreme）上为用户提供了可选装的平视显示器，不过当时显示的内容比较单一，只能显示车速，而且显示的颜色也是单调的绿色。绿色的反射波较长，但是容易受到观测角度的影响，因此早期的车载平视显示器并未得到大范围的推广。

　　目前，AR技术已经得到长足发展，汽车前挡风玻璃便是一个非常具有前景的应用形式。驾驶者可以通过前挡风玻璃直接看到叠加的信息，如仪表盘上的内容等，甚至还有望集成红外扫描和智能预测等功能，将汽车传感器收集的数据实时反馈在前挡风玻璃上。AR抬头显示器扩展了或者说增强了驾驶者对于实际驾驶环境的感知。因此，AR-HUD技术极有可能成为汽车人机界面（HMI）最具创新性的发展方向。

一、本田：酷炫的AR概念车

　　本田早在2015年就推出了一款概念车——WANDER STAND。这款概念车可供两人乘坐，有摆动门和一个控制车辆的操纵杆。一个突出的特点是它的AR前挡风玻璃，可以在玻璃上加载各种有用的信息来辅助驾驶。而在AR技术的帮助下，汽车的整块前挡风玻璃就能变成一面巨大的平视显示器。

　　通过与汽车车身上的传感器相连，在挡风玻璃上不仅可以看到各类数据，还能获得更多的路况提醒。红外摄像头可以对道路进行扫描，从而增加了司机通过前挡风玻璃所看到的内容（如道路标识、行人或是突然窜到路面上的动物）。而通过与汽车外部的摄像头相连，前挡风玻璃还能提供360度的无阻碍视野。

二、捷豹路虎：科幻感十足的透明引擎盖

捷豹路虎将HUD的显示屏扩大到整个风挡玻璃，不过与其他汽车厂商不同的是，它的导航则采用了"幽灵车"的方式，就是在车辆的前方虚拟出一辆正常行驶的车，并且带着你走在正确的路上。除此之外，捷豹路虎的野心更大一些，它的"360 Virtual Urban Windscreen"还将发动机舱盖和A柱变为"透明"，其中发动机舱盖并非真实的透明，而且也未经过特殊处理，只是通过前置摄像头将车头盲区位置的影像投影到前挡风玻璃上。而A柱则是内为显示屏，外为摄像头，将原本被A柱挡住的部分信息直接显示在A柱上。此外，路虎还开发了激光地形扫描系统，可以将前方的地形清晰地显示在高清显示屏上，并且可以与全地形反馈系统配合，这可能算不上是AR技术，只是智能驾驶技术的一个补充。

三、WayRay：将导航信息贴合路面的全息HUD

WayRay的总部位于瑞士，主要为司机开发抬头显示器以及最终用于自动驾驶汽车的完全沉浸式AR和VR系统。

WayRay创始人兼首席执行官表示："目前，WayRay是全球唯一一家将AR技术集成至汽车内的开发商。本轮融资将帮助我们超越传统HUD研发商，并让全球大型汽车品牌的合作商为我们提供更多的机会。"除了本轮资金支持外，WayRay还宣布公司将与阿里巴巴以及上汽集团投资的斑马汽车公司达成合作，进一步研发全新的汽车导航以及信息娱乐系统。据悉，WayRay所研发的全息投影车载导航系统Navion已集成到了上汽集团的2018年的车型中，这也使得上汽集团的汽车成为全球首款配备全息AR平视显示器的汽车。

WayRay的技术能在汽车挡风玻璃上提供全彩平视显示器，并提供了宽泛的可视范围，同时还减少了对硬件以及控制系统的需求。

四、Iris：每辆汽车都可以轻松加载HUD系统

对于以前出售的那些没有配备HUD系统的汽车来说，有没有方法在现有汽车的基础上简单改造升级呢？现在，Iris为驾驶者提供了一种选择，可以将HUD系统安装在驾驶席前方的挡风玻璃上方。

Iris的产品配备了720p的激光投影单元（安装在遮阳板处），其配备的支架上有一块可以翻转下来的透明屏幕，展开后位于挡风玻璃上方，在显示数据的同时也会保证驾驶者视野的清晰。该产品同时提供了自己的遮阳板，以便取代原先为安装产品而被拆下的汽车遮阳板。

通过iOS或者安卓应用，用户的智能手机可以经由蓝牙与Iris系统连接。然后，该系统便可以显示来电信息或其他消息，如GPS导航方向或者在指定路段向驾驶者发出超速提示。语音识别系统也可以让用户拨打免提电话，而通过手势识别技术，驾驶者只需在空中挥动手臂即可完成接听或挂断来电的操作。甚至在没有与智能手机连接的情况下，Iris系统仍然可以与汽车上的车载计算机通信，进而显示当前时速、油耗以及机动车的其他相关数据。

五、庆应义塾大学：不可思议的全透明汽车

日本庆应义塾大学的研究人员正在研发一种"透明汽车"，这个系统将AR技术进行充分的运用，可以解决司机在驾驶过程中遇到的盲点问题。无论是车门、车窗、车顶还是底盘，所有关键的信息都可以通过"透明化"的方式呈现在驾驶者的眼前，方便人们进行提前预以判避免事故发生，甚至能

拯救自己和他人的生命。

这种想法在理论上非常简单，通过安装在汽车外部的摄像头记录周围的情况，然后通过安装在车门或脚下的投影仪将画面投射到汽车内部，并且给人营造出一种整个车身都是透明的错觉。这项研究虽然理论很简单，但是主要的困难都来自于如何实现。

整个系统要用到一种名叫RPT（反射投影）的技术，这是一种全新类型的屏幕。RPT可以解决许多传统屏幕或投影无法面对的技术性难题。它由50颗玻璃珠反射来自同一轴线上的光线，预计会有助于将摄像头所拍摄的画面通过3D立体的形式呈现出来。另外这种屏幕还可以在任何表面上进行无障碍投射，所以它可以适应车内的任何布局，包括车门以及座椅等都不会产生影响。在RPT的基础上加入一个半透明的反射镜就可以适用于所有不规则的表面。

研究人员在一辆丰田普锐斯汽车上进行测试，并且已经顺利地实现了车门和汽车尾部的"透明化"，即使后面有座椅或乘客的阻挡也可以顺利地看到后方的状况。据研究人员介绍，这种形式可以让驾驶者通过更自然的方式查看外面的状况，而不是将所有的画面都呈现到汽车仪表盘上。不过这种设计是否会在驾驶过程中让驾驶员过多地分心，还需要进一步测试。

在可预见的未来5年，AR技术将进一步进入人们的生活。无论是你用的手机、玩的电子游戏、佩戴的可穿戴设备甚至是所驾驶的汽车，都会与AR技术有交集。中国自主品牌的汽车在AR技术的配置上将有超越外国汽车产品的机会，也期待技术的进步为汽车生活带来更多的便利。

第12章 AR让你忍不住买！买！买！

越来越多的零售商将VR、AR和自身业务相结合，以提升消费者的体验。不管在线下零售店铺还是在线上电商平台，AR都可以提高顾客的决策效率，进而提升零售商的销售额。

12.1 AR在线下零售的应用场景

一、资生堂出品AR虚拟化妆软件

2011年3月，资生堂发布了"Mirai Mirror"，该款应用运用了AR技术，可以识别移动的人脸并且可以直接逼真地呈现出人们化妆后的效果。

2016年，资生堂又推出一款名为"TeleBeauty"的AR化妆App，能够让素颜女性在视频会议时进行实时AR面部化妆。目前，日本在家办公的

女性不断增多，在家办公通常需要同公司或公司的合作伙伴等进行视频会议。然而，很多女性认为素颜出镜非常不好意思，但为了视频会议而特意化妆又非常耽误时间。于是，资生堂出品的"TeleBeauty"就希望能够帮助女性在视频会议时进行实时AR面部化妆。

二、Vizera Labs：可任意变换颜色的沙发

在旧金山国际机场南边的一个家具店，一张沙发的颜色和图案在不断变化，先是从红色变成蓝色，后来又变成了米黄色、灰色、白色和绿色的图案。

沙发是真实的，客户可以摸到它，也可以用手指戳到坐垫，不过沙发表面梦幻般的效果则是用AR技术实现的，这种技术可将图案投射到沙发表面。

这是Vizera Labs公司的作品，其创始人认为实体家具店将来可以用面积更小、价格更便宜而且布置更简单的店面替代，占用家具店资金很多的实体库存也可以用虚拟设计来替代，店里只须摆置几件样品即可。

这种技术不但可让家具公司开设的门店更小，而且还能让消费者更直观地看到一件家具的款式和颜色以及房间壁纸的效果。

"消费者仍然可以摸到面料，所以人们选购时并不缺乏手感。"该公司的共同创始人阿里·切维克（Ali evik）谈到。到目前为止，Vizera Labs已经在几个家具店安装了这一装置，客户需要为设备和织物图案的使用支付使用费。

Cre8 A Couch家具店也采用了Vizera Labs的技术。顾客可以用iPad选择不同的织物图案，之后悬挂在头顶的投影仪会根据你的选择改变图案。

这些影像可以让人们真实地看到沙发的样子。Vizera Labs首先对家具进行三维扫描,然后用软件将扫描出的3D模型分割成小块。此外,Vizera还将织物和皮革等不同面料的扫描图像进行数字化处理,此举意在让面料的颜色、质地和图案与实际材料尽可能地一致。

之后,该公司会利用3D模型制作覆盖着数字化织物的模拟沙发,并计算出沙发影像的精确尺寸。最后,用投影仪将影像投射到家具店的实体沙发上。与投影仪连接的一个深度摄像头用来将影像与实体家具对齐。

三、沃尔格林:百年药店穿上AR的时髦外衣

沃尔格林是药店行业的神话和榜样:成立100多年,连续赢利100多年,世界500强,700多亿美元市值,接近1万家药店,2015年美国消费者最满意的零售连锁药店。沃尔格林之所以如此成功,与时俱进、坚持不懈地应用最新高科技改善购物体验是其关键因素。互联网、移动互联网、AR,每一次科技变革,沃尔格林都能及时将先进技术应用到传统药店零售中。国内还没有看到药店应用AR技术的案例,但沃尔格林早在2014年便已经开始探索AR购物了。

沃尔格林专门组建了一个团队,致力于营造全新的购物体验。这个团队和Aisle411合作,在谷歌Tango技术基础上,在4家药店进行了AR购物尝试。在沃尔格林AR购物试验店里,购物车上放有一个平板电脑,里面安装有专用的AR应用。购物者可以搜索想要购买的商品,比如要买尿布,应用就直接将尿布在第几个货架、第几排显示出来,顾客如果要去取商品的话,跟着应用中的导航走就好了。对于沃尔格林这样的百货式药店来说,产品线很多:药品、食品、护理化妆品、母婴用品、隐形眼镜等。顾客如何快速找

到自己想要的商品是一个大问题，这个 AR 应用正是为了解决这个问题而生。

另外，顾客推着购物车行走时，每走过一个购物通道，平板电脑上就会跳出两边货架上商品的折扣和优惠信息，哪些在做活动、哪些在打折、降价了多少都会详细准确地显示出来。显然，这是针对家庭主妇设计的，使她们免不了在各种优惠信息的轰炸下要"买买买"。还有更绝妙的是，在店内行走可以获得积分，如果 AR 应用检测到你在店里走的路程有一千米，它就会弹出"恭喜您获得一百个积分"的提示。当然，这是在鼓励顾客在店内多停留，顾客停留的时间越长，购物自然越多，沃尔格林的销售额也就会持续地往上涨。

用上了这个 AR 购物车，在药店内买东西就像玩视频游戏一样，寻宝、积分等，简直停不下来。消费者开开心心购物，药店看着直线上升的销售数字自然也乐开怀。就这样，AR 购物让药店和消费者实现了双赢。

四、耐克：用 AR DIY 个性化鞋子

2015 年，外媒曝光了一项耐克的专利申请文件，它与耐克官网推出的"Nike ID"息息相关，旨在让用户通过全息图像和 AR 技术来设计运动鞋。

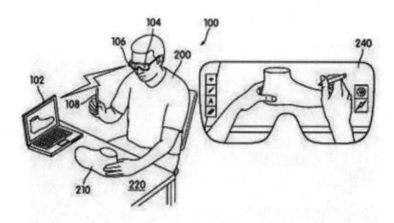

从专利图中我们可以看到，在进行设计时，用户需要佩戴一个AR眼镜来通过全息图像在现实环境中看到运动鞋的模板，并通过一支数字笔来对鞋进行360度全方位设计。随后，用户所设计的内容会被传输至计算机，并最终以实物呈现。对于消费者来说，这是一个高度个性化的工具，可以选择运动鞋的类型、颜色、纹理或是添加文字，亲自设计出一双独一无二的运动鞋。

2016年，耐克在巴黎香榭丽舍大街的旗舰店展示了一项全新的购物新科技，让鞋的所有不同风格的纹样通过AR投影技术展示在同一个模型上。只需要将耐克Cortez、Air Max和Lunarepic Low这3款跑鞋的模型放在展示台上，投影仪会立即识别模型的特征，用户通过平板电脑来选择喜欢的颜色和纹样，然后就会被投影在跑鞋模型上，和真实产品别无二致。

五、美国劳氏公司：用AR打造科幻家装体验

劳氏公司（Lowe's）是美国第二大家居装饰用品连锁店，劳氏公司2016年年底推出了AR应用——"Lowe's Vision"。这是一款基于谷歌3D智能手机平台Tango的AR应用。用户通过该应用可以直观地看到新家具摆

放在自己家里的样子。在AR技术的帮助下，"Lowe's Vision"可以完成对房间的精确测量。

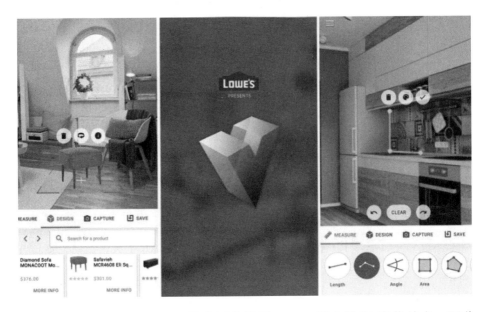

由于"Lowe's Vision"的底层依赖于Tango平台的3D定位技术，因此这款App仅适用于联想Phab 2 PRO。当然，未来它也能适配谷歌开发者工具模型，但面向的仅仅是专业开发人员。

不过，现阶段的Lowe's Vision的功能已经十分强大，消费者能够探测和测量平面，如地板、天花板和墙壁，在帮助消费者实现可视化操作的同时还能够计算出换上新瓷砖或地板材料的价格。如此一来，消费者不仅可以把虚拟物体放到瓷砖和地板上，甚至还会想去尝试在家里的客厅安装一个壁炉是怎样的效果。

当消费者走进劳氏公司的门店时，该App能够帮助消费者在店内找到此前已经在手机上看过的商品，并提供客户评论。

六、陶瓷谷仓：轻松预览家具摆在家里的样子

你准备为你的家购买新家具吗？也许你希望先看看家具摆放在屋里是什么样的。美国家具巨头陶瓷谷仓（Pottery Barn）正计划使用AR技术来让客户预览家具效果。

陶瓷谷仓和谷歌合作开发的3D房间展现应用，可以让用户看见零售商的所有产品摆放在家里任何一个房间中的样子。即使房间是空的也没有关系，你可以增加、移动、删除家具，比如床上的枕头，改变枕头和床单的颜色。这意味着你可以在将家具买回家里之前就能预览到之后的效果。

不幸的是，这个AR应用只能在支持谷歌Tango的手机上运行。所以，如果你没有一部联想Phab 2 Pro或者宏基ZenFone AR手机，你就无法使用这个App。

七、ModiFace虚拟化妆镜让美容产品销量增长31%

位于加拿大的AR美妆电商创业公司ModiFace进一步提升了技术水平，推出了ModiFace虚拟化妆镜。消费者只要把化妆品包装对准手机或柜台的计算机摄像头后，ModiFace虚拟化妆镜就会把消费者试用该化妆品的效果实时显示在屏幕上，还能把同款不同颜色的试妆效果一一呈现出来。当顾客移动、眨眼或微笑时，屏幕上的上妆效果也能同步于消费者的表情。

这种虚拟化妆镜更适合一些美容产品，比如Allergan公司研发出了肉毒杆菌，这是一种可以注入人脸部肌肉的神经毒素蛋白，能起到保持皮肤光滑、防止皱纹产生的作用。传统包装上枯燥的文字和模特漂亮的图片不太能激发消费者的购买欲。通过ModiFace虚拟化妆镜模拟肉毒杆菌在潜在使用

者脸上的效果，可以让其看到自己脸部皮肤收紧、富有光泽的效果，这使得Allergan公司产品的平均销量增长了31%。

2016年初，爱茉莉太平洋旗下品牌兰芝也与ModiFace公司合作发布了手机移动端试妆App "LaneigeBeauty Mirror"。除了ModiFace公司，Image Metrics、PhotoMetria等公司也致力于AR技术与化妆品包装的结合，大大降低了消费者"冲动"购买化妆品的后悔率，提升了消费体验。

12.2 一切商品的可视化展现：AR的电商应用场景

一、京东：所见即所得

2017年4月，京东正式发布"天工"计划，该计划旨在聚合AR、VR行业内的创新力量、升级京东VR/AR产业联盟、打通内外合作链路、引领未来购物场景，为合作伙伴创造多元价值，并构建京东全品类3D数据库，开启3D商品展示的大门，让消费者能拥有更加真实、更加自然的商品浏览体验。

此前京东针对平台用户展开广泛调研，数据显示有57%的用户对AR和VR技术应用于购物很感兴趣。同时通过大数据，可以发现商品展示的信息越全面，越能够提升用户的决策率。

京东致力于打造全品类3D数据库，满足商户高品质展示商品的需求，解决用户无法自如地查看商品每个细节的痛点。用户无须佩戴任何设备，即可在京东App上全方位地查看商品，并能够通过与商品的交互查看其内部结构。通过3D交互，用户可以更直观地了解商品内外的信息，比如你在京东挑选一款冰箱，可以通过点击来打开冰箱门，查看冰箱的内部结构，甚至还能够听到冰箱门打开关闭时的声音，使购物体验得到最大程度的提升。

京东非常看重AR领域的布局。通过AR购物应用，用户可以在真实环境下"看到"虚拟物品，如沙发的摆放位置、墙纸的颜色等；用户通过语音可远程与设计师进行实时对话，设计师甚至也会出现在画面中，直接帮助用户设计室内的布局。据悉，目前京东正在与家装AR内容制作企业进行合作，进行家装领域的应用探索。

2016年，京东推出了一款基于谷歌Tangao技术开发的AR购物应用"JD Dream"。该应用的AR功能主要针对于"家居家装"，用户可挑选场馆中的虚拟家居产品，并在手机上看到真实空间中1:1的摆放效果。

京东AR在线交互体验

除了提升用户的购物体验，京东VR/AR技术实验室正在测试将这些技术用于京东的仓储物流等方面。此前京东就与英特尔合作，利用实感技术对商品的三围进行识别测量，解决了不同尺寸包裹数据采集的问题。在京东的演示中，仓储人员通过AR技术可以更直观、便捷地进行仓容规划，仓储面积、容量一目了然，提升了物流效率。

二、PayPal简化购物流程

你有没有经历过把产品买回家后，发现居然没有电池的情况。或者从宜家买回来一个很酷的架子，但是在你搭建时候，它的说明书却让你不知所措，让你"误入歧途"。PayPal正在试图解决这些问题。

PayPal在2016年申请了AR方面的专利，名为"Augmented Reality View of Product Instructions"（AR视觉的产品说明）。这项专利可以通过AR技术展示相关产品的信息和所需的配件，以及直接从系统购买产品的端对端解决方案。

PayPal最新的专利技术会让用户戴上AR头显，当用户看向产品的时候会立即得到相关的信息和所需配件，并且会推荐相同的产品和详细的操作指南，这将会为消费者提供很大的便利。

利用这个专利技术，未来购物是这样的：在2025年，你随意漫步在市场上，当你走过某个摊位的时候，一件衣服引起了你的注意，这是件非常时髦的衣服。你向AR头显发出指令，然后这个设备会立即扫描这件产品。不用一秒，头显将会向你推荐同类型的产品，并且为你提供各种商家的优惠券。你可以比较不同衣服的价格、做工质量，接下来你可以将这件货物加入购物车。PayPal支付系统会提醒你确认购买。当你点击确认后，这件衣服将会被立即发货。然后，你可以关掉显示屏继续去买菜。

三、Apollo Box将转化率提高25%

Apollo Box是一家主营礼品和生活用品的电商，有接近50万的活跃用户在上面购买商品。他们认为，产品可视化可促进在线购物。小众创意的生活时尚类商品，比如室内装饰用品、玩具等，这类商品特别需要通过生动的展示来刺激消费者的购买欲望。这家公司在其电商平台上开发了名为"Teleport"的AR功能。"Teleport"功能允许消费者在家中观看和放置3D虚拟产品，如书桌等。

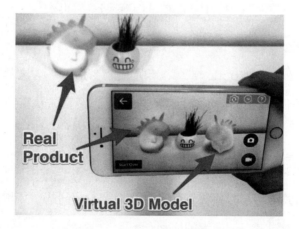

为了能在Apollo的在线商城上通过AR模式浏览，供应商需要发送产品图片或模型，而这家初创公司会将其转换成3D文件。他们也可以制作简单的动画，这样潜在的消费者就可以进一步与虚拟产品交互。

Apollo的AR技术不需要标识，这意味着厂商无需像其他AR应用程序那样打印专门的标识卡片，或在物理场所中放置标识卡片。之所以会选择无标识AR技术，是因为它可以在任何时间和任何地点运行，没有任何限制。

Apollo Box同时希望AR功能可以为在线商城带来有效的推广，因为消费者可以分享产品的截图。在访问消费者时，大部分都认为AR是一种有趣好玩的体验。与不使用AR功能的用户相比，他们更愿意在应用中花费更长的时间使用。这也是Apollo Box转换率提升的一个重要原因。

四、眼镜电商Warby Parker开发AR在线验光

眼镜电商Warby Parker推出了自己的在线验光服务，借助新推出的Preion Check App，只需要一台计算机、一部手机和一张信用卡，用户就可以在自己家中完成视力测试，不过这一测试并非针对裸眼视力，而是帮助用户判断现在所佩戴的眼镜的度数是否发生了变化。

Preion Check App的验光原理与传统验光方法类似，测试过程中，计算机屏幕上会显示不同的图案和文字，用户需要站在计算机屏幕的一定距离外，根据提示选择相应图案，并在手机上输入答案即可。

测试结果会首先反馈至后台的医师处，由后台医师判定用户目前的眼镜度数是否能够满足需求，如果度数发生了变动，Warby Parker则会为用户提供新的配镜处方，整个过程大概需要20分钟。

为了保证视力测试的准确度，在测试过程中，用户还需要在计算机屏幕的边框上放置一张信用卡，将手机摄像头对准计算机屏幕后，系统可以对计算机屏幕大小进行判断，进而确保计算机屏幕上显示的图案已经被调整至合适大小，剔除计算机屏幕大小不同对图案显示大小的影响，保证检测结果的准确性。

作为一家眼镜电商，Warby Parker的亮点在于其贴心的试戴服务，用户可以挑选5副眼镜免费邮寄到家试戴，将满意的留下来，不合适的寄回Warby Parker即可。如果需要购买光学眼镜，则必须先在诊所或Warby Parker的实体店进行验光。虽然Warby Parker目前在美国已经开设了50家线下门店并提供验光服务，但大都分布在大城市，显然不能很好地覆盖到更多的用户。因此，满足用户的验光需求是提升光学眼镜业务的重点。

五、户外服装电商Moosejaw：透视美女的AR应用

Moosejaw是美国一家领先的户外服装与装备用品在线零售商，公司位于密歇根州，其发展的定位是"重新发明人们购买户外、冲浪、滑冰与滑雪的服装与装备的方式"。Moosejaw汇集了最顶级的户外运动装备品牌，如The North Face、Arcteryx、Patagonia、Big Agnes和Chaco等。

Moosejaw想让更多人关注到自己，让大家参与"黑色星期五"的活动，于是他们想到了这个点子：做一款AR应用，让大家可以看到宣传册里模特穿内衣时的样子。"Moosejaw X-Ray"这款应用可以"透视美女"。应用的

功能看似简单，但是它的确抓住了用户喜好"窥探"的心理。用户只需要对准Moosejaw杂志上的冬装美女，等待软件反应3秒种后，就会见证奇迹的诞生。原本穿着冬装的美女在镜头下竟然变成了穿着夏装的女，十分神奇。这个应用，让Moosejaw在"黑色星期五"的销量上涨了62%。

六、Fits.me在线虚拟试衣

虚拟试衣、试戴可以算是AR技术在线上零售业的最早商业应用。这一技术解决了电商面对线下实体商店试衣的先天劣势，用虚拟试衣的方式提升转化率，降低退货率，迅速成为服装电商行业的刚需之一。

爱沙尼亚的Fits.me成立于2010年，目前其市场和营销部门已迁往伦敦，主要为在线零售商提供虚拟试穿、试戴的解决方案。其客户包括Ermenegildo Zegna、Thomas Pink等高端时尚品牌。

Fits.me原本是一家仿生科技公司，利用机器人模特和人造肌肉来模拟买家所需的形状和尺码，利用仿生学技术和科学算法可以模拟出近10万种不同的体型。目前其提供的服务涵盖了两大类需求，一类是适合高端服装的Virtual Fitting Room（虚拟试衣间），消费者可看到不同尺码的衣服穿在机器人模特身上的效果。此方案要求零售商将各款衣服尺寸、颜色等具体信息都输入到Fits.me的信息库中，但成本较高；另一类是适合宽、泛、浅库存的多样品牌，叫作FitAdviser，消费者只需输入身体尺寸，后台就能根据过往的数据向其推荐合适尺码的衣服。这种与消费者身体数据的互动和累积，对于品牌商来说更有利于产品的开发和改进。

12.3 AR掀起新零售革命

一、新零售：完美融合传统线下实体店和电商

传统O2O产生的信息壁垒、库存积压等问题都是因为无法解决"人"精准找到"货"的效率问题。O2O2O（online to offline to online），通过在线推广，引导顾客到地面体验店进行体验，之后再通过网络消费，打通传统的"人—货—商场"造成的线上、线下纵向壁垒。无论是AR虚拟试衣技术还是AR化妆镜，都可以解决这个痛点——海量提炼商户数据，为符合条件的用户进行个性化推荐。

因此，所以我们可以预见以下3点：一是对于商家而言，商品的试用数据通过全渠道的"魔镜"反向输出给线下渠道，将线上线下打通，为新零售提供新的尝试；二是线上购物的退货率将直线下降，用户无需在评论区获得

购物的安全感；三是线下购物，特别是新零售会"升温回热"。收银台、导购将会消失，传统物流也会因此发生改变。

导致这些局面的原因是，AR等未来科技将使线上和线下购物的界限变得越来越模糊。先进的AR技术在以后的购物环节里，会让人获得强大的现实扩展体验。

二、AR和新零售擦出的火花

在2017年的WWDC上，苹果公司公布了名叫ARKit的AR平台，一夜之间ARKit成为世界上最大的AR平台。在大会上，通过咖啡、灯泡和花瓶演示了ARKit的效果。除了展示流行的游戏，还提到了来自宜家和乐高的AR应用程序。

不用很久，面对一款质量和玩法都不可测的商品时，无须过度依赖网络平台，也无需根据网红们的推荐而盲目地选择——科技会打破"网络不可试用"和空间的壁垒。以AR为首的一批新理念、新技术（全息投影、裸眼3D等）将驱动下一次消费行为升级。

三、苏宁易购：AR收集打通线上与线下

苏宁易购在2016年"双十一"和2017年春节期间，连续推出了"AR抓萌狮""AR抓福狮"的营销活动。用户通过苏宁易购App中的游戏入口，就可以像Pokemon Go一般，捕捉苏宁的代言角色"小狮子"，会有一定的概率将十二星座的小狮子收入囊中，并获得线上购物的红包。

这是亮风台AR技术打造的年度爆款活动。其中春节活动上线仅5天，参与用户就达到了530万人，AR抓捕超过9000多万次。

苏宁最初是做线下实体店的，但随着移动互联网时代的到来，受到电子商务冲击的线下实体店急需转型。苏宁易购就是苏宁在线上的布局，顾客可以在线上以同样甚至更低的价格购买到与线下实体店相同的商品，并能享受部分商品免费送货的福利。但苏宁的顾客习惯于线下实体店，如何将线下实体店的客流引到线上，培养用户习惯是苏宁等相似的实体店转向电商平台都应该需要关注的。

"AR抓萌狮"是苏宁借助AR技术给线上导流的一种创意营销方式，它的核心在于抓住人们喜爱收集的心理，将红包与收集相结合，以AR为入口，在线下开启线上的大门。

为什么选择AR这种方式进行线上线下的导流呢？这要从传统的营销方式讲起，比如"砸金蛋"和抽奖等活动，是线下实体店最常用的商家与客户的互动方式，也深受顾客们的欢迎。顾客可以从"金蛋"和奖券中获得线下购物的优惠福利。但如果是线上呢？我们则需要一个入口将线上与线下相连。

AR就是这样一个入口，它虚实结合的特性，将实物与虚拟紧密结合起来，意味着线下场景可以与线上结合起来。具体来说，通过扫一扫线下实体店的Logo，就可以进入线上平台，或是通过线上App的"扫一扫"功能，从线下实体店获取相应的内容，转到线上发挥作用。整个过程用户的学习成本很低，但却享受了线上购物的便利。商家也可以借此机会，推广自己的App。

推出"AR抓萌狮"活动之后，苏宁易购App的排行在"双十一"期间，由之前的"Top100"猛冲至"Top10"。

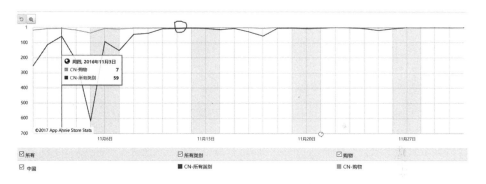

除了苏宁易购"AR抓萌狮"，其他电商平台也采用了类似的AR收集策略，希望达到营销的目的。例如百度地图在国庆节期间推出的"AR捉生肖"，还有天猫在"双十一"期间推出的"AR捉猫猫"等。

总结来看，这样的AR零售营销方案，主要有这三大优点：一是线下连接线上，导流无障碍；二是形式新颖，交互多端，可塑性强；三是便于发放电子福利，通过线上长期影响潜在客户，而不是单次博弈。

因此，这样的新零售营销方式，值得更多的企业去借鉴学习。

四、天猫新零售体验馆的 AR "黑科技"

2017年6月17日，天猫在杭州嘉里中心和城西银泰城开设了新零售体验馆，批量展示了 AR 天眼、未来试妆镜、虚拟试衣间等一系列由技术驱动的新零售产品。天猫营销平台事业部总经理刘博坦言，新零售体验馆是天猫第一次在这种线下项目中，技术人员的投入超过市场人员。天猫新零售体验馆或许可以让人一窥未来5~10年的新零售场景。

AR 虚拟试衣镜，用户走到镜子前被扫描识别后，镜子内会直接变幻出另一个虚拟用户。通过对脸型、身高、体重、发型、肤色甚至身材细节的调整，这个虚拟用户会无限贴近用户本人，点击就可以快速"试穿"各种陈列在虚拟货架上的服装。

AR 试妆镜，只需要体验者坐在镜子前，就可以通过摄像头识别人脸进行虚拟口红试色，还可以直接扫码购买，无须卸妆。

有 AR 接口的"天眼"，使用3D识别+跟踪定位技术，可以帮助消费者"透视"商品，甚至与它"对话"。比如将手机摄像头对着吸尘器扫描即可看到其内部马达的转动情况；对着空气净化器和洗碗机扫描，即可看到其工作原理。

零售行业发展到今天，很多技术已经实现，但并未大规模运用到零售经营中去。刘博表示，这只是一个开端，很多东西并未成熟，天猫的目标就是将这些技术常态化，让线上线下的连接更顺畅，让顾客体验更好。体验馆展示的 AR 试衣镜很快就会进入商场，成为服装品牌常规化的试穿工具。

总的来说，目前 AR 技术带给零售的好处主要有3点：一是提高顾客查找商品的效率；二是通过虚拟试穿试用，帮助消费者做出消费决策，提升销售额；三是提升购物体验，像玩游戏一样轻松有趣，进而提高会员的满意度和忠诚度。

AR技术可以有效地提升消费者的购物体验，让零售更加个性化、具体化、形象化，从而提升零售行业的业绩。

第13章 玩具华丽升级至3.0时代

AR玩具的出现是玩具行业中的一个里程碑式的事件，因为玩具在不断演变进化，正从单向升级为互动交互，AR技术恰好完美地实现了互动功能。

回想一下，有多少玩具是孩子们一开始玩得很多，但很快就抛弃了？AR玩具不会，它可以在玩具中植入有想象力的各种软件与虚拟形象，玩具制造商可以在他们生产的实体玩具上添加各种各样的虚拟形象。不管是"外星人""跳舞的玩偶"还是"萌萌的宠物"，AR玩具都可以添加上，没有任何限制。

13.1 新时代的儿童需要新时代的玩具

工信部发布的《2016年通信运营业统计公报》指出：2016年，3家基础电信企业固定互联网宽带接入用户净增3774万户，总数达到2.97亿户，其中光纤接入用户净增7941万户，总数达2.28亿户，占宽带用户总数的比重比上年提高19.5个百分点，达到76.6%。从全球范围来看，中国的光纤入户渗透率已经远超欧美国家。全国移动电话用户净增5054万户，总数达到13.2亿户，4G用户数呈爆发式增长，全年新增3.4亿户，总数达到7.7亿户，在移动电话用户中的渗透率达到58.2%。在国内，手机已经覆盖了绝大部分人群，成为人们生活中不可或缺的产品。艾瑞咨询公司在国内调查显示，中国移动用户每天联网使用各种手机应用的时间为人均1.5小时，加上无需联网的使用时间，人们实际使用手机的时间会远远超过这个数。

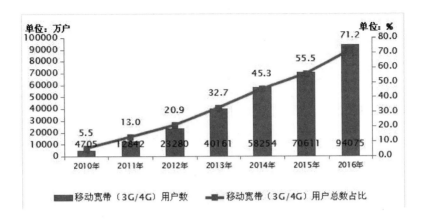

再看看另外一个数据，2016年8月，中国青少年研究中心发布的《中国移动互联网发展报告（2016）》专题研究中指出：60%的少年儿童拥有手机，手机消费接近他们零花钱的45%，使用过互联网的比例接近90%。

毫无疑问，在今天的智能设备、高速移动互联网普及的大背景下，儿童不可避免地被各种平板电脑、智能手机吸引了注意力。对于他们来说，传统玩具已渐渐失去了吸引力。在这种情况下，将传统玩具和智能设备连接起来的App玩具、AR玩具，可以将虚实融合，极大地满足了数字新时代的孩子们的需求。

13.2 即使过了童年也要玩这些AR玩具

国外有人玩AR游戏太着迷，结果不慎落水，足以可见AR的魅力。因为AR技术把虚拟和现实无缝融合，大大拓展了玩具的玩法。下面的这些AR玩具不仅儿童可以玩，成年人其实也可以尝试，乐趣无限。

一、AR激光枪：全世界都是战场

AR激光枪这款产品由孩之宝在2012年推出，整个产品包含激光炮、iPhone支架、iPhone皮套、iPod皮套和使用手册。

这个产品可视为传统激光枪的升级版，在传统激光枪中加入了AR功能。使用方式：下载安装Lazer Tag程序，将iPhone或者iPod放入后面的支架，然后就可以通过iPhone屏幕看到类似视频游戏中的十字瞄准星、雷达扫描器、武器与弹药使用情况、生命值、防护等级等战斗相关信息。这款AR激光枪可以单人使用，也可以两人对战，还可以多人团队对战，最多支持24个人。另外，它还有室内模式和室外模式。不仅小朋友们可以愉快玩耍，成年人也可以找几个好友组队玩。游戏过程中，随着等级的提高，可以解锁新的武器和新的攻击效果，游戏体验也大大提高。

AR功能的加入让这个玩具枪完美地融合虚拟和现实（虚拟部分主要是激光弹药效果、爆炸效果，现实部分是对战目标和对战环境），增强了游戏过程中的趣味性，把电子视频游戏的华丽画面和丰富玩法融入传统的玩具枪中，提升了玩具枪对于孩子的吸引力。

二、AR无人机：我要飞得更高

在2010年，派诺特推出的无人机产品"AR.Drone"内置AR技术功能，这也是AR.Drone名字的来源。它最大的宣传点就是AR游戏，可以由iPhone或iPod Touch进行无线控制，并提供第一人称视角的实时画面，给控制者带来一种新的AR空战游戏体验。

这款无人机配有一款游戏，用户可以使用该游戏应用控制AR.Drone作出上升、下降、前进和盘旋等飞行动作，并提供有虚拟对战功能，具有非常逼真的第一人称空战体验，这是AR技术运用在无人机上的一个创新。另外，派诺特公司还提供开发工具包和开发者社区，游戏开发商可以针对AR.Drone开发出各种游戏。

三、AR投影：萌萌的玩具蛋Egger

Egger是一台交互的AR投影设备，它可以激发孩子们的创造力，通过AR游戏和应用来将孩子带入到一个引人入胜的学习环境中，并且能提高家庭的和谐氛围。

Egger拥有一键开启功能，并且内置了可16度旋转的摄像头"大眼睛"。这个AR投影玩具，让不太听话的孩子也能体验到AR的乐趣。它能在不同的距离下投射出AR画面，并且还能调整角度。孩子们可以通过不同的道具与Egger所投射的画面进行互动。

Egger不仅能用来玩游戏，还可以作为普通的投影仪来观看视频。同时还可以利用遥控器进行手势操作，直接在墙上虚拟画画，让喜欢在墙上乱画的孩子找到有趣的创作方式。除了配备遥控器之外，Egger还使用了无线智能连接器的方式充电，只需要将Egger放到充电底座上，然后将电源连接头轻轻一吸，就可以进行充电。

四、AR解谜：打通虚拟与实景的Osmo

Osmo是一个包含应用与配件的学习工具套件，可以将iPad变成以儿童为中心的AR装置。它有两大主要部件，分别是一个为iPad提供垂直支撑的支架，以及一面罩在前置摄像头上的小镜子。这个红色的反光镜是Osmo的核心部件之一，它能将iPad的镜头视野重新定向。调整后的iPad视野就是Osmo的游戏区域，玩家在这里的操作会实时地反馈到iPad上的游戏应用中，系统会随之作出反应。

软件方面，第一代的Osmo带有3款独特的iPad应用：七巧板、识字和牛顿，每款应用都有各自的材料包，包括纸和各种形状的塑料。

七巧板的玩法和常见的拼板游戏差别不大，最大的不同是Osmo的交互性更强。玩家在实际中的所有操作，iPad上的游戏应用都会做出相应反馈，它会根据孩子的操作进行提示或者予以奖励。

识字游戏的玩法稍微复杂些，Osmo引入了竞技机制，可以选择不同颜色的拼词板，然后分成两队进行比赛，游戏会根据单词的正确次数给出分数。

　　牛顿游戏不需要任何外部玩具，只需要一张白纸和一支笔就可以进行游戏。用户需要将游戏中不断下降的小球重新定向，让它击中目标物体。不用在iPad上操作，只需用笔在白纸上画出线条，游戏就会根据白纸上的线条自动调整小球的方向。除此之外，桌面上摆放的任何物体，比如笔、玩具，甚至玩家的手指都可以被Osmo扫描或添加到游戏内。牛顿游戏是涂鸦游戏和AR技术的完美结合体，可以释放孩子们无限的想象力。

最新的Osmo还包括编程、数学、披萨店、涂画和线条画等极具创意的游戏。

五、AR全息玩具：融合VR和AR的HOLO CUBE

Merge VR在2016年发布了一款AR玩具——HOLO CUBE。

当孩子们佩戴上VR头显时,可以用HOLO CUBE进行AR全息交互。目前已经有好几种AR体验,如利用音乐进行画画、呵护一只虚拟的宠物。这些应用利用了VR头显,允许用户用双手与HOLO CUBE进行交互,而不像其他的应用需要用手抓住手机才能进行娱乐。

这款玩具是专门为儿童设计的,希望为孩子们打开一个完全崭新的数字世界,在里面是安全的、令人兴奋的、有趣好玩的。

六、AR机器人:可以对战的SwapBots

AR机器人玩具SwapBots共分为9个方形积木,更换头部就能组成不同的"神兽"。更有趣的是,不同的组合方式会带来不同的AR效果。通过平板电脑或手机,还可以在"神兽"周围建造房子、种植树木等不同的环境背景,非常有趣。

另外,还可以设置敌人,让自己的"神兽"发挥实力消灭敌人。如果是几个小朋友一起玩,还能进行对战,更有竞技性。

不要小看SwapBots的游戏性，其实它是非常有逻辑的。比如不同的"神兽"各有特殊技能和故事。另外，建造的环境物体也具有攻击、防御和混淆等不同的作用，对于锻炼小朋友的逻辑性是很有益处的。

七、AR积木：打开无限想象的Koski

Koski是一款基于AR技术的积木游戏。游戏包括一套类似"叠叠乐"的木条，木条之间通过磁贴连接，还有很多同样通过磁性可以附加在木条表面任何位置的小圆片。这些小圆片可以被iPad上的游戏软件所识别，不同颜色的小圆片代表不同的虚拟动画效果，比如添加一棵树、一个瀑布或者打通一个洞。游戏的主人公是一个小蓝人，在由积木搭建成的空间和由小圆片添加的路障中探索前行。

这就好比你设计了一个世界，让主人公在其中摸索。而在设计这个世界的时候，也可以借助一些视错觉和超现实的建筑模式，这就好像纪念碑谷一样。只不过，Koski没有设计好的空间和路线，一切建筑和动作都要自己来设计。

Koski这款游戏，使用AR技术增强了玩具积木的结构和细节，把iPad变成一面"魔镜"，透过这面魔镜可以看到搭建的积木变成了一座流水的城堡或是更复杂的建筑。在游戏中，不管多复杂的景色都可以被创造出来，并且通过建筑游戏能够锻炼孩子双手的协调能力。

13.3 AR玩具会伤眼吗

AR玩具使用时，一般要配合手机或平板电脑使用。很多家长会担心这些电子设备会伤害孩子的眼睛，合理使用电子设备是没有多大问题的。但是如果长时间盯着手机、平板电脑屏幕，不仅会导致眼睛干涩、疲劳，甚至也会永久性地影响视力。屏幕带来的这些伤害，罪魁祸首还是一种叫做蓝光的短波辐射。手机的辐射主要是蓝光带来的。手机里面会保留大量的蓝光，这样可以使屏幕显得更白、更亮。其实，问题的核心不是用不用，而是怎么用。下面是使用AR玩具的一些建议。

第一，应保持眼睛与手机的距离在30厘米以上，同时要注意光线的强弱度，不要在光线过于强烈的情况下使用手机，如太阳光底下；也不要在光线过暗的情况下使用手机，如晚上关灯后的被窝里。

第二，使用手机要注意时间上的控制，建议每隔一小时休息5~10分钟，眺望远处。如果是儿童，则建议一次最多玩二三十分钟。

第三，最好不要在走路、坐地铁和坐公交车等摇晃的环境下使用手机，这样会加快眼睛疲劳的速度，而且低着头容易造成颈椎问题。注意力都在手机上，也容易造成安全问题。

第四，满3岁的儿童，家长应立即带孩子到专业的眼科医院接受第一次视力检查，并建立孩子的视力健康档案，以便于长期的保护。

第五，加装抗蓝光贴膜。不介意手机贴膜影响视觉体验的用户，可以选择贴抗蓝光贴膜。当然由于加入了防蓝光特性，这种贴膜多少会带来一些泛黄和偏暖的问题。

第六，手机亮度合理调节。调低手机亮度也是很好的防蓝光手段。但需要注意的是，亮度不宜调得过低，否则会适得其反更容易伤害眼睛。最好的方法是将调节手机亮度的"自动"开关置于打开的状态，这样手机就会基于环境调整到最适合的亮度了。

13.4 AR玩具开发的关键要素

玩具厂家要开发AR玩具，必须考虑到技术、场景和内容3个要素。

一、技术

一般来说，要开发玩具配套的App，至少需要两个IT程序员和一个设计师，时间是两个月。这样算来，光人工成本就是8万到10万元人民币。一般传统玩具厂家是没有程序员的，如果自己招聘，时间和人工成本又得上涨。显然，对于没有IT程序员的传统厂家来说，自己独立开发是非常不合适的。最好的方式是合作或者找外包公司，不过外包的问题太多，做过的人都知道。找家靠谱的AR技术公司一起合作开发，联合销售，风险就会小很多。如果想把AR玩具作为主营业务，那么就不能用合作模式了，就必须招聘培养自己的IT人员、设计人员和运营人员，才能保障开发质量、用户体验和后期的维护。

AR开发平台方面，目前比较主流的是苹果公司旗下的Metaio、PTC的Vuforia。另外，还有开源的ARToolkit，收费的Wikitude和Catchoom。国内的有亮风台HiAR、视辰EasyAR。相比国外的来说，国内的AR开发平台比较容易使用，技术支持响应快，服务器延迟小。在具体的图像识别与追踪、3D动画模型渲染、视频叠加与特效方面，完全不输于国外的平台。

还有一点要考虑的是基于AR的眼镜开发，还是基于手机或平板电脑等移动端开发。AR眼镜目前价格太高，效果也没有达到非常实用的程度。手机端的AR程序不需要消费者增加任何额外的硬件成本，开发较为容易。不过当需要观看很多AR内容时，就要不停地用摄像头扫描，体验就不如AR眼镜。

二、使用场景

不考虑使用场景，会是很多AR玩具失败的主要原因之一。人、时间、地点、问题和目的，这些要素组成了场景。在设计AR玩具产品时首先得考虑孩子们的使用场景。

使用场景有3个方面：对象（用户）、动作（需求）和情景（时间和空间）。以幻实科技的早教读物《魔法百科》为例，其使用场景之一是家长和儿童在晚饭后学习英语。也就是说，场景是关于"什么人在什么情况下要解决什么"的问题。在这个场景中，需求就是儿童学习英语。解决需求的方式有很多，如上培训班、请英语家教或用AR英语教材自学。影响用户选择哪种解决需求方式的因素也有很多，如效果、成本、安全和亲子互动等。

以上所讲的场景是宏观场景，除此之外还要考虑微观场景，即用户具体的使用细节。比如儿童是以什么样的姿势来拿《魔法百科》这本AR童书的，用多大的力度，怎样翻书。

考虑场景本质就是一切以用户为中心，从用户角度出发设计能够真正满足用户需求的产品，而不是闭门造车，生产一大堆只是玩具厂家想要的玩具。

三、内容

内容为王，这话一点没错。其实目前很多AR玩具的技术门槛并没有特别高，不像AR眼镜那样只有少数的几家生产商，只要有合适的IT技术人员，花费几个月时间就可以突破技术瓶颈，只是看谁在细节方面可以做得更精细、体验更流畅。所以，决定成败的就是内容了。内容一定要有极强的画面感，像动物和卡通人物这些都是非常合适的。切记，AR是形式，内容决定形式，千万不要"为AR而AR"。内容适合AR化，才去开发AR玩具；内容不适合，就不要画蛇添足了。不要因为AR是时髦的、是未来的趋势，就盲目地将产品添加AR元素。

技术、场景、内容，环环相扣，缺一不可。要做出一款质量上乘的AR玩具，必须将这3个要素琢磨透彻。

13.5 AR玩具的发展趋势

一、AR玩具企业和产品快速增长

2017年3月8日，在第29届广州国际玩具及模型展会上共有43款AR玩具产品，由17家企业生产。也就是说，AR玩具企业仅仅是全部参展企业的1.6%，AR玩具产品可能占全部参展玩具产品数量的5‰都不到。如果剔除掉17家企业里面的7家做AR玩具的传统玩具厂家，那么AR玩具企业数量仅占1%。可见，AR玩具作为玩具行业的新兵，个头还是非常小的。

但是，AR玩具产品和企业数量同比是大幅增长的。虽然AR玩具"个头小"，但成长快，不容小觑。随着AR技术的快速发展，AR在孩子和家长中的普及度逐渐升高，大量的传统玩具厂商必然要在玩具中增加AR元素，来提高玩具的新奇性、趣味性和互动性，以此来吸引新一代的孩子们。

二、AR卡片不再新奇，进入常规化

AR卡片爆发于2015年，因为技术门槛比较低，市面上涌现出大量的同质化产品。但正因为其技术门槛低、容易操作，还是会有很多厂商来用其与自己的产品结合。所以，笔者判断AR卡片会成为一个常规性的入门产品或者赠品，数量上仍会保持增长，但销量会大幅下滑。

三、创新性的AR产品不断涌现，且以AR科技企业为主

在AR玩具发展初期，国内厂商抄袭国外，然后中小厂商抄袭大厂商。不过，随着进入者数量增多，竞争加剧，AR玩具厂家为了赢得先机，必须自主创新。因为，预计未来几年国内会有原创性的AR玩具新品出现，甚至可能引领世界玩具潮流。目前AR玩具产品由两种企业推出，一种是做AR技术的，将AR应用到玩具上；另一种是做玩具的，在玩具中引入AR元素。

相比传统玩具企业，笔者更看好AR科技企业的创新能力，创新性的AR玩具将主要由他们推出。原因很简单，AR科技企业更懂技术，并且这是他们的主营业务，会更加聚焦。

四、与IP紧密结合

奥飞娱乐旗下的公司在《超级飞侠》的基础上开发了超级飞侠AR神秘画册，很多AR玩具公司也纷纷开始独立打造属于自己的IP。对于儿童玩具来说，有IP的产品会好卖很多。AR玩具和IP深度结合，是一大趋势。

五、大玩家进入

目前，AR玩具还是以中小企业为主。现在行业发展处于初期，规模还比较小，巨头还不愿意进来。但是，随着AR玩具的爆发式增长，阿里巴巴、腾讯、百度这些互联网科技巨头也好，奥飞娱乐、星辉娱乐和骅威文化这些上市公司也好，或许都会进入这个新领域。

现阶段，对于成年人来说，很多AR设备和应用还不是很成熟，就像玩具一样，用不了多久就会被扔掉，还没办法真正落地。不过，对于儿童来说，即使是简单的AR卡片，他们也会感觉非常有趣、新奇。AR玩具制造商们将成为AR技术主流化进程中的早期采用者和推动者。

第14章 AR引领工业4.0大变革

AR作为一种将真实世界信息和虚拟世界信息无缝集成的技术，能够将虚拟的信息应用到真实世界，并被人类的感官所感知，从而达到超越现实的感官体验。这种能够将数字世界与物理世界无缝结合的创新技术，为传统工业带来了效率提升等更多可能性，从而加速了智能制造时代的来临。

传统的工业领域具有操作烦琐、流程长，对操作要求标准化、规范化，效率要求高，工作结果安全性要求高等显著特点。利用AR技术将物理世界与数字世界无缝集成的特性，可实现基于肢体动作的物理辅助、多模式的人机交互和协同工作以及复杂工作流程的辅助管理等，从而实现简化操作、降低人为出错率、成熟工人的知识沉淀、改善现场作业环境和提高生产效率等诸多目的，为客户创造出巨大商业价值。

目前，AR技术已经开始应用于包括工业设计、工业装配、工业维修、检测和实操培训等环节。AR具有转变制造业的巨大潜力，早期采用AR技术的企业生产力和质量均得到了很好提升。

14.1 工业领域的痛点

目前，工业领域尚有几大痛点亟待解决。

第一，一线工人不能解放双手，几乎使用不到互联网信息技术进行工作辅助；管理人员无法管理到一线工人的工作细节，事后监管多，事中监管无力，生产效率和生产质量都难以得到保证；生产维修过程基本属于封闭空间，管理人员不了解其工作状态，整个维修过程全靠一线人员自我发挥，维修效率不能得到保证，更严重的是生产质量无法被监控。

第二，仪器设备精密，生产步骤复杂，工人无法记住每个操作细节或认识每个零部件，也很难保证持续规范操作；面授培训和在线培训又无法解决员工"学时不能用，用时不能学"的问题。对于复杂仪器的的操作和维修培训来说，无论是面授培训还是网络学习，甚至是理论实践一体化培训等，都无法将理论和实践重叠，只要有时间上的拖延和空间上的阻隔就会导致知识的流失，这是由人固有的遗忘曲线所导致的。

在培训中有个专业术语叫"721模型"，是指员工在培训时花费"10分"的精力，现场只能学到"7分"，课堂外只能记住"2分"，最后在工作实践当中用的只剩"1分"，知识的传承衰减，使培训人员欲哭无泪。好的现场操作经验没有被有效的方式积累沉淀下来，而目前的解决方案多为人工讲解或者视频记录，成本高昂、内容管理粗犷、效率低下并且会造成资源的浪费，跟不上信息技术日新月异的变化。

第三，一线员工工作时的数据难以采集和输出，实时问题和改进难以记录分析。对于大部分制造型企业来说，测量仪器的自动数据采集一直是个令人烦恼的事情，即使仪器已经具有一些接口，但仍然在使用一边测量一边手工记录到纸张，最后再输入到计算机中的处理方式。这样不但工作繁重，也无法保证数据的准确性，常常管理人员得到的数据已经是滞后了一两天的数据；而对于现场的不良产品信息及相关的产量数据，如何实现高效率、简洁、实时的数据采集更是一大难题。而这些问题恰好是 AR 技术可以完美解决的。

14.2 AR的六大工业落地应用

一、维修与维护

工业设备种类越来越多、数量越来越大、现场环境越来越复杂，维修、维护已经成为日益严峻的难题。维修人员要识别不的同品牌、型号和部件，诊断故障，使用合适的工具，更换相应的部件，采取针对性的维修方法。靠大量经验积累，效率低，出错率高，对维修人员的要求也比较高。

如果维修人员佩戴AR眼镜，扫描机器后就可以得知设备的产品型号和维修记录等，可以直接下载设备的维修手册，显示出解决设备故障的具体操作步骤，甚至具体到如何拆卸零部件，这样可以大大减少维修人员的培训费用和培训周期。并且，AR技术与数据分析相结合，可以轻松判断哪些设备运转正常，以实现预防性的设备维护。

通过AR技术，可以进行远程协作及工作指导，让后台专家看到前台维修人员的第一视角画面，实时提供高效率的工作指示与指导，降低人为错误、因现场人员经验不足产生的效率低下和等待专家的时间耗费等情况，同时能提高工作的安全性。

以富士通公司为例，为了改善工厂设备维修、维护，以及工作人员的现场作业环境，该公司已经将AR技术应用于自身的设备点检与"24×7"的服务运营中。采用AR之前，工作人员通常要在点检单上手动记录温度和压力等信息，然后再将信息录入计算机。如今，工作人员可以在现场用触摸屏录入信息，创建电子表格并共享最近的信息。AR可以快速显示作业手册数据和故障历史中的库存水平。

利用富士通的AR技术提供的文本输入功能，现场工作人员可以使用它来快速共享信息。当进行现场点检的时候，无论多小的细节，都可以被记录下来。通过AR技术，可以轻松判断哪些设备运转正常，同时结合数据分析，实现预防性的设备维护。

另一方面，随着老龄化社会的急剧加速，具备熟练技术经验的工人越来越少。通过采用AR技术，即使是能力一般、经验不足的"菜鸟"，也可以准确地完成各种各样的现场维护作业，这将有助于技术和经验的传承。

此外，AR技术还能够精确定位不直接可见的零件并将其可视化，从而确认要进行测试的零件并对其进行修理或替换。

二、生产制造过程

由于AR技术能够直观地显示出操作步骤和工艺，AR除了能够应用在维修、维护过程中，还能够应用在企业的生产制造过程中，为操作工人提供更加直观的工艺指导，而不再只是复杂、枯燥的作业指导书和图纸。

1.基于AR的管线安装

飞机中的复杂管路和长达数百千米的电线安装以及连接器插装，是目前AR技术应用的主力战场。AR系统通过强大的用户界面显示，能够一步步地指导操作人员实现这些复杂操作。空客A400M的机身布线采用了空客开发的"月亮"系统，使用来自工业数字样机（iDMU）的3D信息生成装配指令，以智能平板电脑为界面指导工人进行布线操作，大大提升了首次安装的速度和精准度。

2.基于AR的零部件组装

2015年，AR技术进一步迈向飞机零部件组装环节。2015年5月，波音在其加油机装配线演示了一款AR工具，操作人员通过平板电脑看到现实世界中正在组装的扭矩盒单元，并可以通过增强视景技术看到每一步操作的数字化作业指令、虚拟的零件和指示箭头，从而加快操作速度。2015年6月，空客A330客舱团队开始使用一种基于谷歌眼镜的AR可穿戴产品，能够帮助操作人员降低装配客舱座椅的复杂度，节省完成任务的时间。

3.基于AR的装配钻孔

装配中的钻孔环节是航空制造中最耗时的一个环节，往往也是工人效率最低的一个环节，综合利用AR、数字作业制造指导书、智能可穿戴设备以及先进的测量方法与视觉算法，能够大大提升钻孔效率。空客正在开发基于AR的智能工具，整套系统由AR设备以及钻孔、测量、上紧和质量验证4个工具组成，AR设备的核心部分包括嵌入智能眼镜的高清摄像头、嵌入工作服的处理器以及嵌入式图像处理软件。该系统建立在具备视觉算法的工艺环境之上，每个工具都具备一系列功能，并且能够执行自动检查和校正，相关信息都将通过AR设备使工人能够知晓，以做出最佳的后续行动。

三、生产安全

智能化设备日渐普及，使得我们的日常生活变得越来越方便、有趣。现在不但生活用品智能化，工业设备也向智能化发展。由Daqri公司设计的智能安全帽Smart Helmet就是其中的代表。

说得上是智能安全帽，自然少不了内嵌的安卓系统，并且能实现AR功能。Smart Helmet与谷歌智能眼镜或其他的AR设备不同，它是专门为工业场所的工作人员设计的，主要使用对象是蓝领工人、工程师和维修人员等。

Smart Helmet配有护目镜、4个摄像头和多种传感器，能够采集360度的视觉数据。佩戴者双眼前带有两片伸缩显示屏，不使用时可以滑动隐藏于上方。通过帽子的AR功能，佩戴者可实时查看图纸或其他资料来为工作提供便利，还能发现设备仪器的状况，能够及时发现潜在的危险情况并能实时回放以往的数据。

Smart Helmet的其他功能还有拍照、三维地图以及在看到的物体上显示工作指导和相关信息。它能够和智能手表进行连接，并通过手势操作。通过Wi-Fi与其他职能设备进行配对，实现远程操作，对于危险的工作环境来说这项功能的实用性非常强。

四、工业设计

再精确的图纸，也会限制设计师的设计理念的准确表达，影响和客户的沟通。而AR技术，恰恰弥补了这个缺陷。设计师在设计阶段可以通过AR技术将设计师的创意快速、逼真地融合于现实场景中，使设计师能对最终产品有直观和切身的感受，有利于最终设计方案的完善。

同时，通过AR技术，可以使设计出来的虚拟模型与现实中的真实场景相互融合，从而在设计定型前能够更好地进行装配仿真、分析和评审产品模型等工作。

五、实操培训

在工业领域，有大量的工人需要操作类培训，传统的培训方式效果有限，企业花费高昂的培训费用，但培训一直存在学习者无法做到即学即用、耗费教导人员的时间精力等痛点。

如果工人佩戴AR眼镜，由系统指导所有的标准步骤，使学习场景与工作场景无限接近直至重叠，并且能解放双手，直接解决"学时不能用，用时不能学"的问题，将极大提高培训的效果。

一些高精尖的维修培训，可以用的实验机器并不多，在现场教学时，通常老师手里可以实时操作示例机器，但接受培训的人可能不理解。比如，接受飞机引擎结构教学时，受训者没有直接看到引擎时，可以借用AR设备实时看到老师所讲的内容。

六、质量检测

在空客A350、A380和A400M生产线上，一种叫作SART（智能AR工具）的工具辅助进行超过6万个管线定位托架的安装质量管理。操作人员利用"SART"访问飞机的3D模型并将操作和安装结果与原始数字设计进行对比,以检查是否有缺失、错误定位或托架损坏。在检查最后,一份报告自动生成,包括任何不合格零件的细节,使它们能够很快得到替换或修理。利用"SART",A380机身8万个托架的检查时间从3周减少到了3天。因此可以看出,AR技术在质量检测方面有很大的作用。

14.3 AR在工业领域面临的挑战

目前,AR技术应用于工业领域还面临着一些挑战。

一、现实跟踪技术

对于大型物体,目前还没有能使用三维跟踪技术的可靠方式,因为尚不存在一种像Wi-Fi网络那样的手段来填充三维跟踪区域,因而无法实现对大型机体结构的实时图像采集。例如,波音公司在加油机扭矩盒舱内可以使用红外摄像头,但是对检查KC-46整个机身这样的大尺度作业来说,这种手段并不适用,限制了AR技术在大型飞机制造中的应用。

二、AR设备问题

当前的可穿戴技术还不够先进,平板电脑无法解放双手,头戴显示设备不够持久。谷歌眼镜虽然方便,但是无法显示复杂信息并且单眼显示也不利于长时间观看。对于这个问题,空客集团认为最佳方案是将平视显示器集成到眼镜中,而微软公司的"全息透镜"头戴式设备已朝这一方向迈进了一步。

三、软件开发问题

在工业领域,包括图形渲染、CAD模型以及用户界面设计等,尤其是将海量纸质作业指导书转化为数字化模型的工作量不可小视。因此，AR在工业应用上的软件开发问题也亟待解决。

人是智能制造转型之路的核心资产，AR作为与人紧密结合的智能技术，扮演着连接人与智能制造的重要角色。德国人工智能研究中心提出了"工业4.0"的三大范例——智能产品、智能机床和增强的操作员，AR就是"增强的操作员"的重要支撑技术。通用电气公司提出了工业互联网的三大要素——智能设备、先进分析和与人的连接，AR也是"与人的连接"的重要应用基础。

在中国，随着近年来制造业人工成本的大幅度攀升，我国工业企业在全球市场的竞争力不可避免地受到一定削弱，政府和企业开始思考如何通过推动技术红利替代人口红利，从而促进产业结构调整、推进工业转变发展方式。鉴于AR技术所展现出的更大的效率提升、更好的人机交互体验和更丰富的业态，受到了重点关注。《中国制造2025》中重点领域技术路线图就将AR列为智能制造核心信息设备领域；《"十三五"国家战略性新兴产业发展规划》也明确提出，要促进数字创意产业蓬勃发展，创造引领新消费，其中便提到要加快AR等核心技术创新发展。因此，AR+工业将大有可为。

第3篇

AR让我们的生活更美好

　　AR技术发展迅猛，已经从实验室走到工业和医疗等垂直行业，并且部分走入寻常百姓家。AR技术不仅在各行各业能提升效率，也在我们的日常生活中带来越来越多的便利。本篇就介绍一些有趣、有用的AR应用，帮助读者朋友们了解利用AR技术是如何来提高生活效率和品质的。

第15章 AR与衣、食、住、行、玩

前文讲了很多AR在行业和工作场景中的应用。其实，AR也已逐渐渗透进我们的日常生活，在我们的衣、食、住、行、玩等各个生活场景中得到了广泛应用。借助AR技术我们可以吃得更好、玩得更爽、购物更方便快捷。

15.1 AR餐饮：Get吃货新技能

一、"Foodtracer"检测食物营养信息

"Foodtracer"是AR餐饮应用的典型产品，特别适合对某些食物过敏或者特别在意食材营养含量的人群。当手机镜头对准各种食材，屏幕上显示的这些食材就会出现一个个小泡泡，告诉你每种食材大致的成分含量和过敏原信息等。对于零散的食材，这样的估算会依据同种类食材的大致数量。如果用来扫描包装好的产品，那么信息就会更加精确。这样的AR产品，不得不说是会很有用的。

二、AR点菜

传统菜单一般是纸质的，大多没有创意，且制作成本高。随后出现了电子菜单，比如LED明档点菜、微信点餐、iPad点菜和自助点餐机等。随着AR技术的发展和普及，现在已经有人将AR技术与菜单结合，推出了AR菜单。

相信很多人都有这样的经历：看着菜单上的菜名不知道该选择什么，虽然有的菜单上也有图片，然而等端上来时完全不是那么回事。而AR菜单解决了这一难题，顾客只需下载一个App，用手机扫描一下菜单，相应的菜就会以动态的形式出现，相当于看到了"真菜"。

这项技术由于成本较高，将优先在高端餐厅或酒店推广使用。但相信随着AR技术的不断发展成熟，成本会越来越低，AR菜单取代其他形式的菜单指日可待。

15.2 AR购物："剁手族"的神兵利器

一、优衣库虚拟试衣间

2014年9月，优衣库在其天猫旗舰店推出了虚拟试衣间。在优衣库的虚拟试衣间里，你可以先选择一个和你身形相近的模特，然后只需要点击模特身体的各个部位，就可以"换上"不同款式的衣服。

2014年10月，优衣库又在开张的新店内安装了来自NDP的虚拟试衣系统，它可以让人直接在镜子中看到同款衣服不同颜色的上身效果。消费者只需要试穿一次，就可以在镜子里看到不同颜色的效果。此款虚拟试衣系统包含一个显示器、一个平板电脑终端和摄像机。利用特殊的条码技术，计算机会自动识别用户身上衣服的种类和颜色，然后在这块通常作为镜子使用的显示器上，用AR技术把衣服穿在身上的效果显示出来。用户还能进行互动操作，可以拍下自己试穿衣服的样子，通过网络发送给亲友。

二、小米虚拟试穿智能跑鞋

小米众筹上架了一款智能穿戴产品——90分Ultra Smart智能跑鞋，内置了一块纽扣大小的Intel Curie芯片，能够提供精确的运动数据。同时首次曝光了该跑鞋的隐藏功能——虚拟试鞋系统，解决了用户网上购鞋的选码难题。在虚拟试鞋系统助力下，短短4个小时就突破了100万元人民币筹额。

虚拟试鞋系统是一个运用机器视觉和三维建模技术的AR应用，国内VR、AR领军企业数娱科技受小米生态链公司润米科技邀请，作为主要技术支持，联合华南理工大学智能人机交互实验室共同研发。

在网上购物已成为一种主流消费的时代，选择尺码是用户的一大困扰，中国鞋码标准使用不广泛，常用欧码或美码代替，造成码数不准和尺码混乱的问题迟迟难以解决，而商家也因尺码不当的问题，导致退货率飙升。

在传统的基于机器视觉的物体测量中，需要对待测量物体进行标记，或需要比较笨重的特定设备，使得测量困难、烦琐，大大降低了用户体验。虚拟试鞋系统利用AR的标定技术、计算机图形学、计算机视觉与建模技术，对脚部进行毫米级精度测量，获取用户脚部关键点的三维数据，并通过三维建模还原用户脚部结构，对脚部模型进行建模复现。

用户只需站在试鞋卡上拍摄正面和侧面的两张脚部照片，即可快速获知精准的鞋子尺码以及脚长和脚宽等详细数据，解决了测量麻烦和不准确的问题。

为了让测量数据更加精准，数娱科技邀请了一万个不同年龄、地域和体型的用户通过虚拟试鞋系统参与试鞋体验，通过云端储存的大量脚型数据，建立了庞大的数据库。随着越来越多的用户使用，虚拟试鞋系统会进行深度学习，形成神经网络"大脑"进行精准复杂的处理，就像人在识别物体标注图片一样，让系统测量越用越精准。

三、周大生的虚拟珠宝试戴

2017年5月7日，周大生2.0版的智能体验店揭幕，店内的"智能魔镜"导购全面升级。AR交互技术与天猫交易链路全面打通，将为消费者在线下提供饰品"虚拟试戴"以及线上交易下单的即时服务。

虚拟珠宝试戴设备能自动识别试戴者颈部的位置，选择商品并轻触屏幕，想要试戴的项链就会立即"戴"在脖子上。这种兼具视觉吸引力和互动性的设备，能最大限度地模拟消费者真实的珠宝试戴效果。

通过智能设备试戴产品，打破了门店在地理和空间上的限制。门店再大，货品陈列数量也有限，而硬件设备后面是大数据，数据之中有海量款式，可以为消费者提供丰富的选择。

其实在2015年，另一家珠宝品牌周生生就曾在西安、北京、上海等地推出过可供消费者实现虚拟试戴珠宝的智能体验服务。除了试戴，消费者还可通过设备的拍照和上传功能，以扫描二维码的形式，将试戴的效果实时分享至社交平台并集赞。

15.3 AR美容化妆：美丽如此简单

一、"MakeupPlus"虚拟化妆

"MakeupPlus"是由美图开发的一款基于手机的AR应用，主要通过面部识别对人物特征进行锁定，根据用户的理想妆容，通过虚拟化妆台，进行一体化的化妆服务。使用该应用时，玩家可以选择不同颜色的口红以及想要的轮廓或者眼妆等。

跟其他颜色识别技术不一样的是，"MakeupPlus"可以定义照片中的化妆的准确材质和风格，经过分析之后将其渲染到用户的脸上。检测得出的化妆风格还可以自动逐帧渲染到脸部，向用户即时反馈检测结果。"MakeupPlus"可以应用于任何照片，识别出任何类型的化妆产品，包括颜色丰富的眼影、眼线、唇膏和彩妆。

AR试妆可以说更便捷、更快速、一站式,"想怎么试就怎么试",对很多不善于拒绝推销的人来说,也避免了被推销而购买一堆用不上的产品。

二、美妆相机

风靡日韩的美妆类App"美妆相机"推出了基于AR技术的实体化妆品试妆功能。点击界面右下角的口红标志按钮,即出现多款一线口红品牌。用户只要点击口红型号并且选择色号,就可以看到上妆后的效果。

该功能页面中出现的口红包括了BOBBI BROWN、兰蔻和巴黎欧莱雅等6家知名化妆品品牌,并且给出了唇膏的市场参考价及品牌和产品介绍。用户只要试到喜欢的颜色就可以放心地买、买、买了。

据了解,试妆是通过AR技术来实现的,而这种技术应用最近已成为美妆品牌的一个卖点。此前,巴黎欧莱雅就推出过试妆App"千妆魔镜",可以通过软件虚拟试用其旗下的各款产品。著名美妆用品零售连锁店Sephora也与专攻AR和VR的ModiFace公司合作,在商店内推出了"试妆魔镜"。

"美妆相机"虽在AR方面不是美妆界第一个"吃螃蟹"的。但此前凭借妖神妆、万圣节妆和Pony妆等特色妆容,曾多次登顶泰国和韩国App Store的免费总榜,在海内外都积累了大量的用户。"美妆相机"此次"试水"可能为与品牌更大范围的试妆合作做准备。

三、丝芙兰的妆容体验

化妆品零售连锁店丝芙兰(Sephora)与加拿大美妆数字技术公司ModiFace联合推出由AR技术支持的应用程序,让用户可以尝试在家里使用AR进行虚拟化妆。

眼影试用（Eyeshadow Try On）是该应用的试用功能之一，用户可以给自己抹口红、刷睫毛、画眼影，眼影试用有3个部位允许用户自行搭配眼影，分别是眼皮、眼部褶皱处和眼角。如果用户觉得哪款产品好，就可以直接购买，产品的名字和价格都标在应用上方，点击"ADD"即可加入购物车。妆容体验是在Artist Expert Looks功能里，用户首先需要选择与自己相近的肤色，然后就可以在多种妆容中选择自己喜欢的来进一步了解，应用程序会将你看中的一整套妆容所需的产品列出来。当然了，产品也都是他们品牌的产品。

四、欧莱雅的"千妆魔镜"

"千妆魔镜"由欧莱雅集团自主研发，是一款能够利用前置摄像头结合AR技术，实时动态将妆容显示在用户脸上的应用。只需要一次短时间的校准，就可以将内置的多种妆容非常自然地显示在用户脸上，效果甚至可以比肩真正的妆后效果，不管是眨眼、上下左右摆头或变化表情，整个彩妆都会跟着变化，一直自然地呈现在用户脸上。甚至相同的妆容在不同肤色、脸型和眼形的人脸上呈现效果都会不同。当找到自己喜欢的妆容，用户可以直接在"千妆魔镜"上一键下单购买这个妆容所需的实体化妆品，并且可以在应用里查看教程，真实地将这个妆容化在自己脸上。

15.4 AR拍照与录像：其乐无穷

一、"Snapchat"的AR滤镜

"Snapchat"新增的AR滤镜在打开摄像头时会有提示：只要按住脸部，

就会出现选项。目前可选的还比较有限，也都很搞怪，但是能看见自己脸上出现各种各样的3D效果，用户还是会毫不犹豫地立即分享出去。

"Snapchat"还有基于后置摄像头的滤镜"世界镜头"。与自拍滤镜最大的区别在于它不止识别人脸，还会对周围的景物做出回应，允许用户将特效的图像叠加到现实世界中的物品和风景之上。比如当拍摄天空时，应用会识别环境因素，让飞机甚至是宇宙飞船投映到上面；拍摄花朵时，可能也会有蜜蜂和蝴蝶出现。

二、"美颜相机"的AR自拍乐园

2017年5月16日，"美颜相机"推出"AR自拍乐园"，结合游戏玩法，将自拍这件事玩出了新花样。

打开"美颜相机"，映入眼中的就是"主题游乐园"这个新功能。用户点击进入可以看到5个不同的主题馆，会一瞬间以为自己进入了某个三消游戏的晋级线路。

这个App将繁杂的滤镜分类整理，形成5个不同的主题场馆，提供风格各异的滤镜选择。

"绿野仙踪"里的兔子、猫咪和小猪等动物相关的形象，都能在这里找到对应的；"明日世界"主题馆充满了科幻元素；"梦幻世界"让你进入童话，收获满满的少女心；"欢乐半岛"则集合了各种喜剧效果。

其实，带AR功能的拍照软件还有很多，"Faceu""Snow""B612"和"LINE"等，也都内置了AR自拍功能。"Instagram"在更新中也追加了以AR技术为基础的"脸部滤镜"功能，AR俨然成就了自拍的新风潮。

15.5 AR运动健身

现有的AR设备，如运动型智能眼镜，为消费者创造个性化体验，不仅能确保消费者保持空间意识，而且通过在当前环境中提供实时数据来激励人们。

通过使用AR技术而不是完全身临其境的虚拟世界，思维是阻止我们将当前VR解决方案集成到锻炼程序中的许多问题。例如，让人感到不适的、沾满汗液的头显、烦人的电线和VR导致的眩晕等。AR则不同，它可以给我们的健身体验增添乐趣，而不是完全改变它。

一、AR攀岩墙：让健身更有趣

芬兰阿尔托大学的两位研究人员将攀岩运动与AR技术结合，设计慈出一套为攀岩带来新乐趣的AR系统。系统利用投影仪、深景相机和计算机软件来追踪攀岩墙上的运动轨迹。除了跟踪功能，该系统还可以将信息反馈给攀岩者，并提出实时建议。

投影机将显示出攀岩者的攀登路线，突出墙壁把手位置，并提供一条最有效的路径。一个人在攀岩时，另一个人可为其调整投影光线。一旦攀岩者掉下来，系统会自动重放这个过程。

不仅如此，研发小组还增加了一个很酷的视频游戏功能，系统会将一个大电锯投影到攀岩墙上，迫使攀岩者去开辟另一条攀登路线以躲开电锯。

这就像是一场现实游戏，让健身的人们玩得乐此不彼。控制器就是你的身体，你不用戴头盔，不用按什么按钮，不用担心性能延迟，一切都由你自己掌控。

布鲁克林攀岩馆举行了首届AR攀岩比赛。原本预设的赛程为3个小时，总共进行10轮，最后因为AR攀岩运动的挑战性太高而被缩短。

这项技术为展示攀岩运动的魅力提供了一种新方式，而且让攀岩馆可以更灵活地调整攀岩运动的难度。以前调整攀岩运动难度是很费时间的，先要花一周的时间做规划，然后还要花一天的时间去调整攀岩墙上的抓手。但是借助于AR技术，现在调整攀岩难度只要几秒钟就行了。

二、AR滑雪眼镜：一边运动一边发朋友圈

2016年，众景视界推出了一款AR运动智能眼镜产品。通过分析运动人群对"信息近眼显示"和"解放双手"的需求，不需要再反复低头看码表、高度表，而是各种数据"透明"地投射到眼前，不会再影响骑行和滑雪等运动的安全，能够解放双手来进行运动拍照、摄像和结合运动轨迹生成游记分享等。

作为可全天候使用的户外运动AR产品，相较于同类产品，众景视界

AR智能运动眼镜具备防水、防尘、防风设计，超低功耗，长达8个多小时的待机时长，并且在镜腿上可以快速更换备用电池以满足长时间续航。运动人群在运动过程中，可以在不中断、不干扰运动过程的情况下进行数据收集和显示，亦无需为控制设备而分散精力。

同时，为迎合用户多元化的信息交换需求，众景视界AR智能运动眼镜可以实现"第一视角"实时分享，利用高动态性能摄像头的高清拍照和摄像功能记录运动瞬间。戴上眼镜，运动的同时又可以与社交圈时刻保持互动，同步分享照片和视频到微博、微信和优酷上。解放双手，打开了一个全新看世界的方式。用户可以通过第一人称视角拍下所有的滑雪体验，并分享到社交平台。

15.6 AR约会相亲

一、"Tinder"专业搭讪

十分受欢迎的约会应用"Tinder"的创始人表示，在不久的将来，你只需把手机对准经过的陌生人，"Tinde"便可以告诉你对方的基本信息以及情感状况。这一情况并不是不可能的，只要拥有一定的数据库以及像"Pokemon Go"中的AR等一系列技术支持，便可以让单身人士发现任何人的感情状态，从而改变约会交友的模式，并避免搭讪到已婚人士的尴尬。

你可以想象，有了AR技术，这种体验并不是那么遥不可及。

二、"Flirtar"面部识别找单身

"Flirtar"是一款利用AR来帮助用户寻找对象的移动应用。借助一系列的创新解决方案，这款应用只需通过简单的指向便能识别附近的婚恋交友注册用户，并衡量合适程度。"Flirtar"使用面部识别、地理定位和AR来向用户展示交友信息，用户在现实世界中与潜在的对象进行实时对话。

对一个交友应用而言，虽然听起来或许过于创新，但其实它的工作原理相当简单。借助面部识别技术，你将能够在人员密集的房间中识别附近的婚恋交友注册用户，随后系统将呈现对方的信息，实时衡量你们的合适程度。现在无须担心自己是否能找到相亲对象，无须担心彼此合不合适，这款应用可以帮你解决一切问题。"Flirtar"的这一概念十分酷炫，对于你的约会或相亲生活而言，将是十分有趣的。

15.7 AR酒店

2017年3月29日开始，新加坡索菲特酒店全面增设AR体验，开启体验奢华酒店、了解建筑设计和鉴赏艺术品为一体的极致旅程。

此项体验项目由EON Reality、爱普生和索菲特酒店合作完成，体验时间为2017年3月29日至2017年年末。通过搭载着EON AVR平台的爱普生Moverio BT-300智能眼镜，旅客可以坐在法国豪华精品酒店大堂内或在索菲特豪华套房内享受视听盛宴。

酒店将提供8套爱普生Moverio BT-300智能眼镜，将索菲特酒店内的文化遗产以图像形式展示得淋漓尽致，并为旅客带来真正的沉浸式体验，而搭载的EON Reality AVR平台，将旅客带到半虚拟化、半现实的世界，实现信息和视频与酒店的奢华大堂和豪华套房完美结合。

在酒店大堂前台，登记领取爱普生Moverio BT-300智能眼镜后，入口处摆设着"The Lion's Seal"徽章，戴着Moverio BT-300智能眼镜的旅客可以看到徽章设计者设计此徽章时的情景及所要展示的内容。

之后室内设计师将详细讲解酒店内的设计元素，包括套房内装饰、设备功能和房建筑整体设计风格等。伴随着旅客通过大堂，一系列的图文信息及语音自动描述将通过智能眼镜呈现，揭示索菲特酒店优美设计所具备的内在含义，充分讲述融合了法国独特优雅历史与新加坡现代化的故事。

AR体验以视频、动态信息和语言讲述等形式，展现了酒店的品牌故事、历史设计元素内涵、房间类型和酒店各功能区的位置及功能等。这次体验对酒店做了新的定义，成功地将酒店转化为集住宿、娱乐、艺术、文化和享受为一体的丰富旅程。

15.8 AR电视

2016年8月底，创维在北京举行新品发布会，宣布推出全球第一款AR智能电视——创维OLED有机电视S9D。这是全球范围内首次将AR科技作为一种全新的交互模式引入智能电视，刚一发布就引发了业界的强烈反响。

创维S9D采用香槟金配色，别致典雅又不失奢华，下方采用的前置JBL音响，在黑色金属网罩的装衬下多了几分大气，配以最新的Dolby Atoms音效技术，更是让观影感受提升了一个档次。

AR技术的迷人魅力是由于它融合了真实与虚拟的界限，并且能够进行实时的交互。创维S9D是首款引入AR技术的智能电视，其主要目的是丰富家庭大屏娱乐的交互方式，升级感官体验。目前创维AR电视的体验已初具雏形，拥有儿童教育、AR体感游戏、运动健身和购物试衣等多方面的应用，内容十分丰富。

创维S9D能够提供实现实时的虚拟世界与现实世界的交互体验，引导人们重新聚拢到电视大屏前的健康家庭生活方式。AR技术作为一种全新的交互方式应用到电视，能够让人们跳出遥控器的束缚，得到更多交流的乐趣。

15.9 AR航空

阿联酋航空正在考虑给员工配备AR眼镜。据了解，AR眼镜可以显示旅客的姓名及旅行习惯等信息，航空公司的员工可以以此来提供更具个性化的服务。旅客同样也可以利用AR眼镜实现机场导航或浏览菜单等。

借助AR眼镜，可以极大地提高客户服务。旅客可以享受到一种与以前完全不同的旅途体验。

第16章 AR与商务办公

办公也将随着AR技术的进步而变得越来越简单。把AR技术运用到办公领域将成为一种趋势,办公室将迎来一场革命。以后办公室白领可能不是人手一台计算机,而是人手一个AR眼镜了。

16.1 可以办公的AR台灯

不考虑灯光的话,Lampix台灯和其他台灯看起来差不多。实际上,Lampix台灯内置了一块Raspberry Pi[1]开发板,包括一个摄像机和一个400流明的投影仪,能够把AR技术带到你家客厅。

通过Wi-Fi连接,用户可以把手机或计算机上的内容通过台灯投影到任何一个平面上。结合AR技术,Lampix台灯可以在投影界面上进行数字内容与现实内容的叠加,让我们直接在投影的界面上操作,与平面进行"互动"。例如,在塔防游戏中,用户可以把速溶咖啡的小盒子按顺序排好,小盒子就像游戏里的炮塔一样,还可以进行射击。

而Lampix台灯最有趣的一点是它处理文档的方式,它可以让用户像处理电子文档一样处理纸质文档。当用户把纸质文件放在桌面上时,便可以在计算机上对纸质文件进行复制、粘贴和上传等操作。计算机端被选择的文字

---

1 Raspberry Pi: 是一块跟信用卡差不多大小的开发板,它的初衷是以低廉的硬件和开源软件扶持一些落后地域的计算机科学教育。

也会在桌面上显示出来。由于Lampix台灯能够实时跟踪变化，所以还可以让处于不同地点的多位用户能够同时对一个项目进行修改，给协同合作带来很大便利。

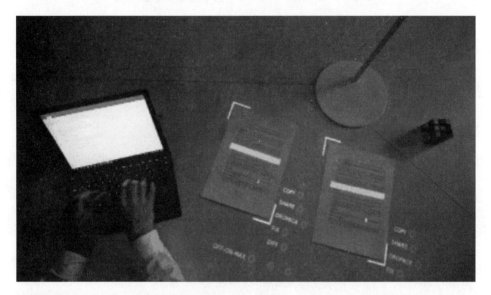

当然，Lampix台灯也有缺点：不能在强光、反光表面和玻璃上工作。

16.2 颠覆传统的AR名片

传统名片信息含量有限，展现方式单一、乏味，很难让人产生兴趣。但在数字化的今天，借助AR技术，小小的一枚商务名片也能让人耳目一新、印象深刻。

用户可以在特定的应用中创建自己的AR名片，即先拍摄纸质名片，识别之后，在纸质名片所包含的信息外，增加图文、语音、3D特效和附件等标注。

用户通过扫描二维码或者特定的图片场景创造出3D的界面，从移动设备屏幕中观看，就好像实体物件和虚拟物件共存。呈现出的3D实景可以根据用户的需求定制。AR名片与普通名片相比有以下几大优点。

一、动性强

相较于传统的电子名片，AR名片不仅在扫描识别精准度上略胜一筹，3D特效更是栩栩如生。当对方扫描自己的纸质名片后，只需数秒，除了纸质名片本身的信息，应用还能展示出个性化的3D特效，甚至对方可以跟你的名片进行互动……这样的名片当然会令人印象深刻。

二、社交功能强

根据客户需求，AR名片可以在现有的3D特效展示基础上加入社交功能，即你可以在应用中通过一键分享功能将个人AR名片信息分享到空间、微信或微博等社交平台上。相较于传统商务名片，AR名片的传播性更广，展示效果更立体，也更吸引人。

三、存储方便

外出携带大量纸质名片以及手动存储个人信息都是一件极其麻烦的事情，AR名片让你可以通过扫描的形式自动识别名片上的信息，并一键保存到通信录，十分方便、快捷。

16.3 抛掉显示器，用AR眼镜办公

如果一家初创公司获得7300万美元的资金，通常都会花上一些钱来确

保员工们的办公桌上能摆上所有必要的工具。

然而，Meta的创始人兼CEO梅若·格里贝茨（Meron Gribetz）却不这么想，他正计划将员工的办公桌完全清空。

Meta之所以要这么做，是因为想让员工使用公司生产的AR眼镜来进行办公。

戴上Meta眼镜后，你可以看到虚拟的物体叠加在了真实世界上，相关的操作则将主要通过手势来完成。

Meta眼镜的主要竞争对手为微软的HoloLens，此外还有另一家资金雄厚的初创企业Magic Leap的产品。相较于这些竞争对手，Meta更加专注于如何能够通过AR来提高人们的工作效率。格里贝茨表示，他的灵感来自于神经科学领域的相关研究——当面对屏幕的时候，人类大脑中的许多与运动相关的部分会处于"发呆"状态，而当所有工作对象散落于"空间"中，并且必须通过手势来完成操作时，这些"发呆"的部分就会被"激活"，从而显著提高工作效率。

为了与HoloLens抢占市场份额，Meta近日为其AR平台更新了全新版本。这次更新主打的是办公，旨在让工作者摒弃传统的办公模式，借助AR技术提高工作效率。这个AR平台究竟有没有宣传中的那么"给力"呢？Meta公司演示了Workspace的几个特性，有一个是叫作Airgrab的新手势，它允许用户用一只手或双手掌握全息图，并在AR环境中操控它。

这个AR操作环境拥有自己的用户界面，它用货架的形式代替文件夹的形式来放置内容和工具，这样用户可以在整个空间中把虚拟内容竖立显示。

16.4 3D设计的革命

2015年，"Autodesk Fusion 360"与"Microsoft HoloLens"合作，将通过AR产品给现实世界带来更多的虚拟产品设计。

"Autodesk Fusion360"是基于云端的3D设计和工程协作工具，而通过HoloLens的有效整合，Autodesk软件创建的数字3D模型将能够引入HoloLens全息眼镜的虚拟现实环境中，获得逼真的数字模型，设计师可以查看高清实际尺寸的3D对象，并能自由移动和改动，非设计师也能直接提供视觉上的设计反馈。

通过穿戴HoloLens，从设计开始，设计师们通过全息眼镜将设计创建于现实世界中，并且能与同样穿戴设备的人进行设计交流，从而改变工业设计师、机械工程师和其他产品研发领域人员协作方式，并加速产品的迭代，

大大减少现实生活中制作物理样机的时间与经济成本。

　　设计师和工程师在以前沟通起来就像隔离的物种，但是现在借助HoloLens，Autodesk的客户可以彻底改变对设计作品的感知方式，设计师和工程师可以在一个共享工作空间进行实时互动，在进一步工作中，你也可以与他们并肩而坐，在这一刻你们注视着相同的全息影像。也就是说，以前开3次会都不一定能搞定的问题，现在一次会议就可以解决了！

第4篇

AR大未来

　　智能终端的快速发展，陀螺仪、GPS、摄像头、重力感应器和3G通信模块等在智能手机中日益普及，为基于AR技术的应用找到了现实依托。目前AR技术在工业、军事、娱乐、广告、医疗等领域蓬勃发展，相信不久的未来我们就可以见证"虚拟照进现实"的那一天。那么，AR技术将会如何发展？有哪些趋势和走向呢？本篇将对这些问题展开探讨。

第 17 章 AR 大融合

在改变未来的几项重要技术革新中，AI、VR、AR、5G、大数据和机器人等会互相融合，整合成更加科幻的各种应用。技术要满足人们的需求，而因为人们的需求往往不是单一的某一类技术所能解决的，一定是根据需求把各种技术融合在一起提供出的解决方案。

17.1 AR 与大数据

随着AR技术的快速发展，一个与我们现实世界互相融合、交织的数据世界正在逐步形成。大数据技术近年来迅猛发展毫无疑问地推动了AR技术的前进，对于未来而言，AR与大数据一定会更加紧密地关联在一起，共同推动人类社会融入数据世界。

AR可以通过3D可视化的方式很好地呈现大数据。大数据可视化就是利用视觉的方式将那些巨大的、复杂的、枯燥的和潜逻辑的数据展现出来，无论通过地理空间、时间序列，还是逻辑关系等不同维度，最终使读者在短时间内理解数据背后的规律与价值。这是探讨、交流和洞察数据的最佳方式。在如今的大数据世界，对其可视化是非常重要的理解手段，尤其是对于普通用户而言，直接从数据报告和一堆仪表中获取信息是非常困难的，可视化分析可以为数据增加一个新的维度，帮助用户从其中更有效地获取全新的信息和看法。

以工业监控可视化平台为例。一般来讲，要实现与用户原有的自动控制系统相结合，通过AR和数据仪表盘等多种展现手段，为大数据时代的工业生产监控和虚拟制造应用，提供效果最优异的可视化解决方案。将AR技术有机融入到工业监控系统，以真实厂房生产线的仿真场景为基础，对各个工段、重要设备的形态进行复原，并实时反映其运行状态。针对各种运行数据，如设备温度、转速、电流、电压以及各种实时产能、统计汇总数据的监控，可以充分发挥数据仪表盘中各种图表的展现优势，针对不同岗位监控的需要对数据仪表进行合理分组，以实现快速状态切换且适应不同场景。

AR和大数据的融合将有4个阶段：第一阶段需要聚焦在那些容易实现的部分（如可穿戴设备或简单的信息展示）；第二阶段是信息整合，将数据从ERP或物联网中抽取出来，并能够进行实时的整合；第三阶段就是有一些虚拟物体能够接入到现实社会之中；第四阶段则是完全地进入，数据世界和现实世界充分地融合。

17.2 AR与AI：AR是眼睛，AI是大脑

AI专家吴恩达认为，AR背后其实需要AI技术作为支撑。比如在AR触发时，需要理解场景，这时候就需要用到图像识别、物体识别和人体识别的能力。

吴恩达对AR非常看好，他认为AI技术是AR的核心。今天最核心的AI技术就是图像技术，因为需要使用图像技术来理解这张图里面的内容到底是什么，也需要用图像技术来做视觉定位，才可以实时把虚拟技术放进去，如

果有人脸也可以叠加虚拟内容。未来AI还有好几个技术会对AR非常重要，因为如果你拿着手机去看AR的内容，你想跟你的手机交互，最重要、最方便的方式就是自己讲话，所以他们团队也在探索怎么样用语音识别让人一边看AR内容，一边跟内容进行交互。

AI的技术代表是机器学习，把机器学习与人的工作协同起来，才属于是真正的AI，所以这也是AR技术在各行各业领域应用的意义所在。

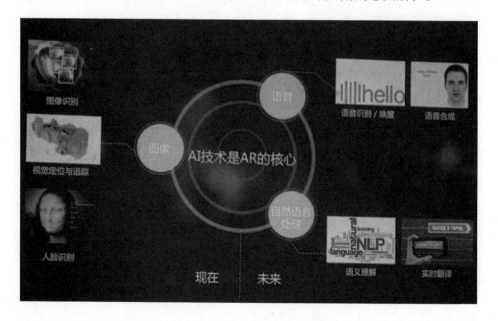

将AR和AI融合，会使人眼中的世界完全不同，从"感知"到"认知"，它将更智能化、更懂人的需求，把人所看到的视觉信息经过AI的"大脑系统"处理后，通过AR展现和交互，带给人更多全新的惊喜与感动。

17.3 AR与5G：5G是AR普及的基础

AR美好的未来，要取决于5G网络处理AR需求的速度和容量。为什么这样说呢？当代普及新技术的3个要素是：硬件、软件和网络。任何一方面的不足，都会导致新技术在应用过程中受到限制，AR尤其如此。AR眼镜、配套的软件工具以及连接层缺一不可，唯有如此才能积极地推动技术普及。优质内容的巨大带宽需求以及丰富的应用场景，都对网络提出了新的需求。

5G在AR上的优势主要体现在3个方面：更高的容量、更低的延迟和更好的网络均匀性。某些应用可能会更依赖某个方面，但在相同网络下同时支持3个方面是所有AR应用的关键。

在AR的未来场景应用中，类似远程互动和指导这种应用对网络带宽非常敏感，任何网络中断都对用户体验有明显的负面影响，这也增强了移动网络在AR普及过程中的重要性。

伴随着AR市场规模的不断扩大，视频流也势必会呈现显著的增长，而类似于六度追踪的下一代内容格式也会对网络提出更高的要求，个人数据速率的需求上限也会大幅度提高。为录制的视频添加额外的空间组件是非常困难的命题，但毋庸置疑的是会给AR以及VR的体验提供更身临其境的感觉。

很多应用案例都证明了网络流量和低延迟体验的重要性，而5G能够更高效地控制成本，在AR发展过程中，如果没有5G将无法创建稳定的商业模型。因此，5G将会是AR大规模商用的关键。

17.4 AR 与物联网

一、物联网打通实体世界和数字世界

物联网是新一代信息技术的重要组成部分，也是信息化时代的重要发展阶段。将AR技术融入到物联网中，可以使信息的呈现方式更加便利、友好和直观。

当我们举起手机就能够通过手机看到我们所使用产品的运行状态、性能和各项重要参数，同时这些数据通过物联网也能够直观地反映到产品设计师的手中，从而使他们可以不断地去优化完善产品，为客户带来更好的体验，省去了很多不必要的环节。

二、AR+物联网：强大的生产力工具

企业系统可以借助AR技术，实现实体世界与数字世界的融合，从而能根据实际情况去做定制化的开发。AR和VR技术是第四次大平台变迁。AR是对物联网技术的一个补充。对物联网技术来讲，它等于是把人和设备连接在一起，我们可以去听，可以去跟设备交谈、互动。有了AR以后，我们可以直观地去看到设备上的所有物体，它的状态是什么样的，下一步需要做什么事情，它的维修记录是什么，更多的是可以采用直观的体验和感觉实物的

数字化属性，而不再局限于听和看。

AR可以为企业带来非常大的价值。首先，是产品的可视化和高展示性，伴随着有针对性的互动广告，可以帮助企业提升市场销售量，增强品牌传播度；其次，快速的数字化原型加速了产品组合的上市和优化时间，虚拟设计协同平台可实现不同团队的连接；再次，性能仪表盘的可视化展示可提供驱动效率的洞察，结合实时的作业指导可以减少错误和瑕疵产品；最后，上述的实时指导可提升服务的效率，客户自助服务可降低成本，远程专家服务可减少差旅费用。

事实上，从目前的情况来讲，想做成这种AR的难度是非常大的，会面临几个问题：一是需要有专业技能的开发人员，使用专业的开发工具，才能够实现AR的应用；二是所面临的场景会变，发生变化的时候，需要时间和精力去处理；三是在万物互联的世界，我们如何为每一个"物"打造合适的应用，又如何去管理这些应用？

在我们今天的生活中，只要拿起手机，就能控制家里的其他设备，手机让不同设备之间做出简单的"交流"，这种物物相连的状态，是最简单的物联网。它已经成功进入到我们的生活之中，可能你没有发觉哪里发生了变化，但是这股力量不容小觑。

三、AR眼镜将是未来物联网发展的新契机

物联网在AR可穿戴设备平台上是采用什么方式实现的呢？AR可穿戴设备是物联网与AR技术的完美结合，从物联网过去的平面控制过渡到具体场景生动的立体控制，这种新的技术结合使人与人、人与物、物与物的信息交互方式产生变革，未来的物联网必定搭载在AR可穿戴设备上。

由此可见，在连接虚实之间的大战略下，AR其实是一个必不可少的工具。

17.5 AR与3D打印

一、AR移动应用"Febcadar"让3D建模更容易

3D打印尽管有着许多优势，但也有一个巨大的缺点：当涉及设计时，它非常难学习。更重要的是，这是一个阻碍了它广泛应用的重要障碍。许多公司正在努力使3D设计更容易使用，通过使用AR技术，可以降低新设计师和创客进入3D打印领域的障碍。

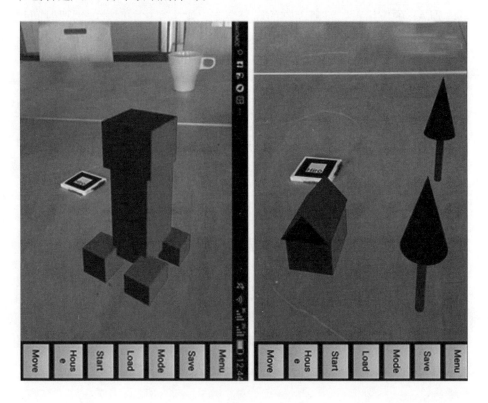

二、AR技术＋3D打印让手术更安全

将AR技术与3D打印技术结合应用到骨科手术，使患者的血管、组织、病灶部位360度呈现在医生眼前，大大增加了手术的安全性，提高了手术的精准度。医生戴上AR眼镜后，通过声控和手势指令，虚拟的病灶就完全可以剥离出来，医生可以在这样生动逼真的世界里，模拟手术全过程。

在手术中，如果碰到棘手的部位，可以戴上眼镜，眼睛扫过的地方，视野里就会出现一个逼真的虚拟场景，真实的环境和虚拟的物体实时出现在同一个画面或空间，两种信息相互补充，患者病灶整个部位的构造也就一清二楚了。

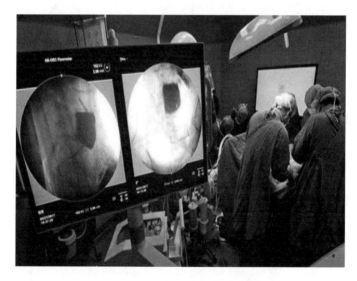

3D技术椎体肿瘤切除＋AR技术的应用，实现了术前和术中全过程的精准可视，手术的安全性和精准性大大提高，患者也得到了最佳的治疗效果。

三、AR与3D打印相结合，更经济

3D打印技术在过去几年间已经有了长足的进步，打印机的价格与规格

的不断改善已经可以使这项技术在制造领域发挥一定的成本效益。但是，用户在屏幕上设计3D对象然后发送"打印"是一回事，打印出来真实东西又是一回事，这整个制作过程用户与打印对象是没有任何交流的。

　　AR技术可以为了有效降低因为设计决策与生产环节之间缺乏交互而带来的错误，Create it REAL推出了一项名为RealView的技术解决方案，它可以通过AR预览功能让用户看到并掌握自己手中的移动模型。

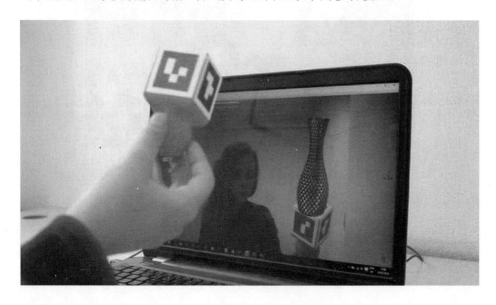

Create it REAL宣布这项新解析软件的核心就是其中的AR组件，它能够通过用户放置的特殊标记进行跟踪定位。设计者只需要扭曲和旋转标记就可以以积极主动的参与方式"看到"预期的打印对象，从而进行大小或其他不满意之处的调整。是的，你再也不怕3D打印不符合你的胃口了，因为你有了提前看到产品的机会了。

因此，3D打印与AR结合的技术可以帮用户节省更多的资金、材料、时间以及精力。

17.6 AR与机器人

一、AR：早教机器人的标配

随着Pokemon Go这个爆款AR游戏的普及，AR技术在各行业的潜力也被人们所关注。儿童机器人行业很快就推出了结合AR技术的机器人产品。

早教功能可以说是儿童机器人必不可少的一部分。据专家预测，我国庞大的新生婴儿数量将会催生出巨大的早教市场。现在家长非常重视儿童教育，谁都不希望自己的孩子输在起跑线上，导致早教花费成为儿童消费支出占比最高的部分之一。

不过，传统的读唐诗、背古文、上辅导班，或者点读机、点读笔这类传统的电子教育产品，都是一种被动的教育方式，是一种填鸭式的教学。早教机器人相对这些传统早教手段，互动性强、可玩性高、寓教于乐，在玩中学，非常适合爱探索的儿童。

AR技术加入进早教机器人后，更如虎添翼，因为AR技术的最大好处就是互动性强、参与性高、形象生动，可以有效地激发孩子的想象力和创新能力，增强儿童的动手能力与逻辑思维能力。另外，无论在什么活动中，年幼的儿童都很难保持持续的注意力。但是AR技术可以让孩子们保持兴奋和激动。

在国外，很多学校和老师很早就开始利用AR技术来教学，将AR技术应用在语言、物理、化学、生物等各种课程中，大大提高了课堂的趣味性和互动性。AR还有一个优势就是成本低，并不需要额外的专用设备，用人人都有的手机或平板电脑下载相应的AR应用就可以使用了。

不过，AR早教机器人的技术门槛并不是很高，关键是丰富有趣的早教内容。可以预计，未来将有更多的AR早教机器人推出，AR功能将成为儿童机器人的标配。

二、AR让机器人更灵活

我们现在都知道AR的展示方式以及效果，但是如何更好地与机器人结合，很多AR企业也都在探索更加多元的应用。AR+机器人如果没有带来实质性的变化，对机器人而言，也就没有多大意义。机器人未来是作为一个终端的产品，可以搭载各种各样的技术，但是我们急切需要一些成熟以及有冲击力的产品应用在机器人身上，以增加机器人的实用性。

AR技术有两个部分，一个是识别物体，另一个是识别后会有跟踪的效果，让虚拟与现实有一个融合。但实际应用在机器人身上，识别物体会用到的比较多，对于那种虚实结合，机器人一般不需要。机器人不需要在视觉上展示效果，它需要在其他功能上展示，如拿一张AR卡片，只要卡片在机器人前面晃动，机器人就会跟随用户走。

因为AR的图像识别技术是很稳定的，可以让机器人识别卡片上的图案，然后做一些相应的动作，从而变得更灵活。

17.7 AR与云计算

DottyView是一个基于云计算技术的3D模型文件查看器，该应用使用了当今最新的WebGI技术，可以实现实时协同编辑，并支持种类繁多的3D模型格式，而且拥有一个简洁的基于HTML5的Web界面（这意味着有效的编程和跨平台的兼容性）。

而如今，DottyView的开发商Dotty Digital在已有的DottyView云服务基础上又推出了一个新的3D模型查看应用Dottyar，该应用的最大特点是具有AR功能。

Dottyar的AR功能将其与市场上的其它在线文件查看器区别开来，如Autodesk 360 Viewer。那么，这一切是如何工作的呢？首先，用户可以像在DottyView里那样将一个3D模型文件上传到云服务中。在那里，一个2D追踪器会显示出来以跟踪其位置并用于AR浏览。

想象一下，你的眼前出现了一个带Dottyar跟踪代码的名片。你需要做的就是用你的智能手机在该App中扫描一下它，然后就立马能够通过云平台看到与该代码相关联的任何3D模型。

DottyView的另外一个应用场景是它能够将一个足部矫形器的3D数字模型在3D打印之前可视化为像穿在病人脚上那样，这样可以节省大量的成本。

17.8 AR与无人机

一、AR无人机传输3D文件

通常来说，通过计算机和虚拟对象进行交互的最主要方式就是使用键盘和鼠标，也包括使用现在非常流行的触控屏。但是人类一直都没有停止探索新交互方式的脚步，就像我们看到的VR、AR以及手势控制。

最近，来自加拿大皇后大学人类媒体实验室的研究人员想出了一种全新的交互方式——无人机。这种想法其实是将无人机和AR技术进行结合，而通过无人机充当物理控制手段。这种交互方式被称作BitDrones，由3个部分组成：一款名叫PixelDrone的无人机配备了液晶显示屏，而附带立方体的ShapeDrones则用来显示目标对象；之后用DisplayDrones无人机来进行触控操作；通过顶部的摄像头进行了三维运动捕捉系统，计算机知道我们与无人机交互后应该做什么。

在实际应用中，我们可以通过无人机传输文件，而这个文件可以通过ShapeDrones以3D的形式展现，然后形成现实中的物品影像并出现复制品。然后用户可以通过与对象的交互来完成自己的愿景。

目前，市面上主流的无人机体积都并不算小，相信这种小型无人机的运用可以越来越多地创建出更准确的结果。虽然这套系统目前还处于试验阶段，依然有些笨拙，但相信随着技术的不断进步，研究成果会不断地完善。

二、让你随心所欲驾驶无人机

爱普生（Epson）开发了一款名为Moverio BT-300 Drone Edition

的AR眼罩，可以帮助用户驾驶无人机，能够极大提升用户的无人机驾驶体验。

TNW网站记者布莱恩·克拉克（Bryan Clark）试用了Moverio BT-300 Drone Edition一段时间，通过该设备来帮助他驾驶大疆无人机。布莱恩·克拉克被迷住了，他相信这是驾驶无人机的最好方式。

Moverio BT-300 Drone Edition相当轻巧，重量只有69克。在为无人机预先设定路线之后，Moverio BT-300 Drone Edition可以在无人机飞行过程中为用户提供视觉提示，以确保无人机按照正确的路线飞行。

在Moverio BT-300 Drone Edition的平视显示器上，无人机驾驶者可以看到所有的相关信息，包括飞行时间和电池续航时间，甚至还可以看到一幅画中画的地图，类似于你在游戏"战地风云"（Battlefield）或"使命召唤"（Call of Duty）中看到的。

无人机市场的创新难度显而易见，除非出现了支持无人机长距离飞行的电池，或能够驱使无人机飞行更远距离的控制器，否则无人机市场尤其是消费级无人机市场将很难进一步发展。因此，在目前的市场上，无人机配件才是消费者的关注焦点。布莱恩·克拉克认为，Moverio BT-300 Drone Edition是目前最酷的无人机配件。

三、AR和无人机结合用于工程进度管理

Bentley Systems正在使用一种全新的方法来预测未来建筑的样子，并且避免可能出现的问题。Bentley Systems是一家软件开发商，为世界各地的供水和交通行业等基础设施提供解决方案。最近这家公司将无人机和AR技术相结合，以便更好地捕捉建筑工程进度信息。

该公司公布的演示视频中详细介绍了无人机和AR技术相结合的具体方式。当无人机围绕着建筑物飞行时，AR技术就会被用来呈现建筑物未来的样子。使用标准的手持式AR设备，比如一台平板电脑，你就可以看到鲜活的建筑物增强场景，在这个场景中，你会发现其中存在的问题和可能会导致工程延期的因素。

虽然这个过程并不是实时的，但是据说随着技术的改进，未来有可能会实现实时绘图。不过必须要考虑实现这一过程所需的软件开发工作量，因为实在是太大了。

在视频拍摄完成之后，会有大量需要使用ContextCapture技术进行创建的建筑信息。之后这些网格信息会结合建筑的BIM模型进行分析，然后通过计算每一帧的位置信息和方向信息来对建筑的BIM模型进行增强。

四、AR无人机游戏

目前如果仅仅依靠设备的摄像头，很难让AR在内容拓展上有很大的突破，不过现在已经有一些公司尝试配合其他外设硬件来丰富AR应用的玩法。如Spin Master公司发布的游戏"The Air Hogs Connect Mission Drone"，通过遥控无人机颠覆了传统兵棋推演类游戏的玩法。

这款游戏套装包括一台玩具遥控无人机、一张印有AR识别码的地毯和一台平板电脑。打开游戏应用后，就能通过平板电脑的摄像头识别地毯上的AR识别码，地毯就能变成玩家屏幕上的"军演空间站"。

玩家通过遥控这架实际存在的玩具无人机来与AR游戏内容进行交互。根据游戏的任务提示派遣空间舰队并控制这台无人机、劫持入侵者和在相关领域中巡逻等。采用的RPG游戏的标准玩法，玩家在游戏中扮演的角色有特殊的技能并且可以不断升级。随着游戏的不断进阶，无人机的速度也会变得越来越快。

第18章 AR的发展前景与趋势

其实用户很快就会意识到，智能手机并非AR技术的最佳平台，它无法带来更深层次的体验。未来头戴式显示头盔可以为用户带来更大的差异化内容和沉浸式体验，甚至还能兼顾移动性以及电影级别的画面质量。

AR在前沿上有哪些重要的"阵地"呢？纵观AR和相关软硬件方向的发展历史和事态，横看今天各家AR厂商的技术风标，不难总结出3个主要的方向，即语义驱动、多模态融合和智能交互，也就是业界所说的"SMART"（Semantic Multi-model AR in Teraction，语义驱动的多模态增强现实和智能交互）。

18.1 人机交互的第三次革命

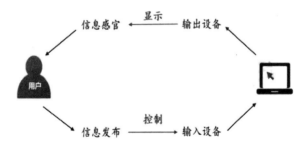

人机交互正处于新一轮革命的前夕。人机交互的本质是人和信息的交换。显示（输出）和控制（输入）是连接人和信息最关键的渠道，作为人机交互系统的核心，它们的每一次变革都必将引起人机交互系统发生革命性的变化。当前，人机交互的显示部分和控制部分正处在从量的积累向质的突破转变的黎明时期，人机交互下一场革命即将来临。

一种新技术的发展往往会引领一个时代。打孔指令带、DOS系统+键盘形成一维人机交互；Windows+鼠标形成了计算机二维人机交互；触摸屏+摄像头形成了智能手机二维人机交互；体感游戏机和手机3D成像技术实现三维人机交互。每一个新的人机交互方式的诞生都会引领一个新的科技时代，而到了以AR为代表的新一代计算平台，则需要一种新的三维交互方式。

AR技术的内容能够模拟产生一个三维空间的虚拟世界，为用户提供关于视觉、听觉、触觉等感官的模拟，让用户身临其境一般。随着技术的进步，三维立体全景影像将在未来成为人机交互输出端的主要形式。随着光学、图像引擎等产业技术的快速发展，AR产业的爆发拐点临近，人机交互即将迎来新一轮显示革命。

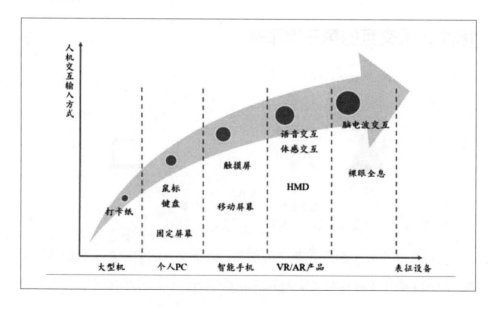

18.2 AR的发展趋势

一、AR市场将迎来爆发式增长

2016年AR行业开始起步，大批新兴企业进入，形成了跟风热潮。AR技术所带来的刺激感与快感充分满足了人类的渴望，进入虚拟世界你就可以把幻想变成理想中的现实。AR行业整个市场的未来发展潜力将会是巨大的。

二、移动端AR技术为主导

现在网络游戏渐渐脱离硬性软件，人手一部智能手机的时代来临了，以至于将移动端市场作为主导力量的开发者或许能成为最大的赢家。我们的手机将成为AR的主要入口。

在照片上用动物的鼻子替换人的鼻子，或者去抓捕在咖啡店外活动的精灵，或许看上去很无聊，但它实际上能够产生深刻的影响——一种很聪明的吸引消费者接触AR的方式。当前，开发者们争相去打造下一个重磅的AR应用——从多玩家游戏到更加实用的应用程序，比如交互式旅游指南和购物助手。

与此同时，智能手机正在变得越来越先进。自2014年以来，谷歌一直在致力于开发Tango平台，目的是给移动设备带来空间感知能力。联想推出了售价500美元的Phab 2 Pro，这也是第一款支持Tango的智能手机。该款手机使用多个摄像头和先进的运动追踪传感器，可根据二维图像打造3D地图。用Phab 2 Pro的摄像头拍摄家里的客厅，Tango就会知道灯具摆放在沙发往左多远的地方。接着，可以使用电商巨头Wayfair经过Tango优化的应用，来看看咖啡桌（虚拟的）放在沙发和灯具之间会是什么样的效果。

这类项目还处于发展初期，涉足者的执行不算很出色。联想拥抱Tango的Phab 2 Pro，更多的是一款概念性验证产品，而不是开创性的产品。但这种情况可能很快就会发生改变。

三、AR企业级市场应用广泛

毫无疑问，AR会在游戏者和个人消费者中流行起来，看看Snapchat的AR滤镜就知道了。但是，企业用户同样会是AR市场中的一个重要部分。

这不仅是因为企业可以用AR来做营销推广，还有其他非常多的好处：在服务或维修过程中发送实时的反馈信息，在不同办公室增加信息流使操作效率提高等。

AR还可以用于会议：在展现信息的时候，参会者可以在文件上叠加额外的数字信息。AR肯定会在个人消费市场流行，但是AR在企业市场的价值则可以使AR技术更加成功。

如今，从能够显示3D图像的眼镜到Daqri售价两万美元的工业用头盔，有大约50款AR设备在生产当中。但对于广大消费者来说，没有一款足够小巧、便宜和漂亮。所以未来几年，AR设备将主要出现在工作环境中，它们的成本和外形并没那么重要。据ABI Research估计，到2021年AR市场规模将增长到960亿美元，工业和商业用途的产品将占其中的60%。

广泛的工业应用不仅能改变我们的工作方式，也将给未来的消费级产品带来启发。正如工人在进行复杂操作的时候利用AR来获得远程协助；未来想要改造浴室的屋主可能会借助一副眼镜来进入虚拟世界，事先研究一下浴室改造后的效果等。

四、AR不会被大平台控制

今天的智能手机被几大巨头（苹果、三星、谷歌）所控制，VR领域也将会如此，因为VR相比AR更依赖高质量的硬件设备。AR有很多平台，像微软HoloLens、谷歌Tango、Magic Leap，还有很多开源工具帮助开发者快速搭建自己的AR应用。这将极大地释放AR应用方面的创意和灵活性，中小企业和个人消费者都可以以很低的成本进行AR方面的尝试。

五、AR将无处不在

与此同时，AR将继续出现在各种各样的日常设备上。

如果你的汽车的后置摄像头在你倒车快要撞上树木的时候，就显示一条弯曲的红线，那你就是在使用AR；护肤美容化妆品品牌丝芙兰正在旗下门店推出智能镜子，让顾客可以进行虚拟的化妆试验；美国高端百货商店Neiman Marcus也在推出智能镜子，让顾客可以改变试穿的衣服的颜色，或者试戴处方眼镜。就像"自适应巡航控制"和"车道变换辅助"等功能正将

我们引向全自动驾驶汽车那样，AR也将会逐渐渗透到我们日常生活的方方面面。

从Snapchat支持视频捕捉的Spectacles眼镜和诸如苹果公司AirPods的无线耳机来看，扩增类功能可能也将进一步渗透到廉价的可穿戴产品中。Doppler Labs已经推出了Here One智能耳机，该款耳机可让你增强特定的频率，以及过滤掉其他的频率，进而强化你的听觉现实。

不过，要让一款无缝融入我们的日常生活的设备变为先进而可靠的工业应用，仍然是一项非常艰巨的任务。技术挑战很大，也不清楚公众是否会拥抱另外一款可穿戴产品。

对于科技公司来说，涉足AR市场或许就是一件关乎生死存亡的事情。互联网和移动化趋势彻底地改变了科技行业的格局，AR也有潜力催生新的巨头，以及将老巨头拉下马来。换言之，未来将会是AR的时代！

18.3 AR开启创业热潮：下一个亿万富翁诞生的风口

一、AR创业的几个方向

AR是非常系统的产品，需要很多方面的技术，对于创业者，要从不同方向的技术来做细分产品。具体到哪个产品或者哪个技术需要有突破，很难下定论。

AR里面有光学、显示、虚实融合、空间感知定位和输入等技术问题，当然还有整个软件系统能不能把这个集成起来达到最好体验，此外还涉及供应链。所以各个方面都要达到相对均衡的程度，或者像类似苹果公司这样的厂商，能把各方面资源整合到位的时候，才会有所突破。

将来AR理想的状态应该是眼镜可能跟我们现在戴的差不多，可能稍微再复杂一点，但是在重量、舒适度和轻薄度上差不多，只有达到这样才算是终极的状态。实际上手机也经历了这样的过程，就是从一个非常重的到现在轻薄的、功能很强大的。整个AR产业进化是有周期的。对于初创企业来讲，在整个AR产业链发展过程中，除了核心的产品市场之外，核心的部件像视觉、体感、算法和芯片，都有可能成为创业的方向。对于初创企业来说，有以下几个方面的机会。

1. 便宜的AR硬件设备

几万元的微软hololens注定只有极少人尝试，但随着AR的兴起，大众对于AR的兴趣越来越浓厚，一款人人可以买得起的、入门级的AR硬件设备将有很大的市场。这种设备要足够便宜，300元之内，甚至几十元，能够拥有一些基本的AR功能，并有一定数量的内容（如AR游戏）。

2. AR内容创作工具

人们购买AR硬件设备，就是为了体验基于AR硬件设备的内容，只有丰富、优质的内容才能吸引用户。AR内容的市场会比AR硬件的市场更为庞大。那么，在这个过程中，一个简单、快速、易上手的AR内容创作工具就成为必须的了。只有AR内容创作的门槛降下来，才会有更多人来创作AR内容，之后内容数量和质量才会飞速地提升。

3. 零售

大大小小的零售商都可以借助AR提升用户体验，让客户更多地参与到零售环节中。服装店可以进行AR虚拟试衣，珠宝定制店可以进行AR虚拟试戴，鞋店可以虚拟试鞋。各种实物包装上都可以加上AR效果，让产品成为企业的门户与用户进行互动（如可以换装的王老吉，可以唱歌的可乐，可以玩游戏的啤酒等）。

4. 媒体

AR让大部分内容都可以得到可视化的展现，相对于文字、图片、音频和视频，AR内容信息量更大、更为直观，因此很多媒体信息都可以结合AR来展现。而现在人们每天都会刷新闻、看各种资讯，人人都可以发布、分享，因此机会也是很多的。

5. 游戏

相对于传统的游戏来说，AR游戏可以让人们拥有更高程度的沉浸感，并且结合真实背景后可以让人们离开计算机和手机屏幕，在现实世界中和朋友、伙伴一起游戏。具有社交属性的AR游戏更容易爆发。

6. 教育

前文已经分析了AR可以带给教育领域的五大好处，AR新颖有趣、生动直观，并且AR教育产品成本价格也不高，目前已经进入众多课堂和家庭。目前，我国AR教育的创业机会和创业企业数量是最多的。

二、AR教育的创业机会分析

AR教育领域深受资本的青睐，已有众多AR教育机构获得创业投资。创投比较有前瞻性，他们在教育领域的布局值得教育从业者研究分析，去思考AR教育领域的创业机会。下面是24家获得投资的AR教育初创企业（所有数据信息均为网络公开资料，如有错漏之处，欢迎联系作者进行更正）。

表18-1　获得投资的AR教育初创企业

序 号	公司简称	所在地	投资阶段	投资机构	业务模式	人 群	方 向
1	幻实科技	深圳	Pre-A轮	保腾创投	B2C+B2B	早教	内容
2	小西科技	深圳	天使轮	不详	B2C	早教	硬件
3	玻尔科技	深圳	种子轮	量子引擎以200万元人民币收购	B2C	早教	内容
4	慧昱教育	深圳	种子轮	国际级风投	B2C	早教	硬件
5	非凡部落	北京	天使轮	云天使基金	B2C+B2B	早教	内容
6	万趣空间	北京	天使轮	真格基金创客总部	B2C	早教	内容
7	奥本未来	北京	天使轮	水木资本Tsing Ventures	B2C	早教	内容
8	小小牛	北京	Pre-A轮	追远创投	B2C+B2B	早教	内容

（续表）

序 号	公司简称	所在地	投资阶段	投资机构	业务模式	人 群	方 向
9	AR学校	大连	Pre-A轮	不详	B2C	早教	内容
10	豌豆星球	杭州	天使轮	帮实资本	B2C	早教	内容
11	Osmo	加利福尼亚	B轮	Accel Partners	B2C	早教	内容
12	Zspace	加利福尼亚	不详	Artiman Ventures	B2B	K-12	平台
13	Lingumi	伦敦	天使轮	LocalGlobe	B2C	早教	内容
14	MEL Science	伦敦	A轮	Sistema Venture Capital	B2C	早教	内容
15	Lifeliqe	洛杉矶	不详	不详	B2B	K-12	内容
16	梦芽教育	宁波	天使轮	不详	B2C	早教	内容
17	宝黎猫	青岛	天使轮	不详	B2C	早教	内容
18	纷趣科技	上海	天使轮	不详	B2C+B2B	早教	内容
19	亮风台	上海	A轮	纪源资本GGV	B2B	大学	平台
20	小熊尼奥	上海	B轮	尚城资本领投,纪源资本、高通、华西集团等跟投	B2C	早教	平台
21	梦想人	苏州	B轮	好望角资本领投	B2B	早教	平台
22	秀宝软件	武汉	天使轮	华工创投	B2C+B2B	早教	内容
23	丫哥	武汉	Pre-A轮	武汉市东湖合众天使投资、武汉创亿祥投资服务中心（有限合伙）等合投	B2C	早教	硬件
24	Smartivity	印度	种子轮	S Chand & Co. Pvt. Ltd和Advant Edge Partners	B2C	早教	内容

1. AR教育处于发展初期，机会非常多

从上文的表格中我们可以看到，获得种子轮投资的AR教育初创企业有
3家，天使轮10家，Pre-A轮4家，A轮2家，B轮3家。大部分AR教育企
业还处于A轮前，说明整个AR教育领域还处于一个发展初期的阶段。

一般来说，获得种子轮投资的企业大都刚刚有了产品或服务的构思，属
于企业萌芽阶段；天使轮的企业刚有了产品雏形和初步的商业模式以及一
些初始用户；A轮融资的公司，其产品已经成型，业务开始正常运作，在业
内有了一定的知名度，进入了企业的加速时期；B轮融资的公司经过前期发
展，已经开始盈利，需要花大力气推出新业务、拓展新领域，抢占更多市场
份额，进入了稳定成长期。而目前仅有Osmo、梦想人和小熊尼奥3家获得B
轮融资，他们的产品和业务相对比较成熟。从成立时间也可以看出，大部分
公司都是在2015年或2016年成立的，整体处于发展早期阶段。因此，目前
创业机会还非常多，如果大部分企业进入B轮融资阶段，说明风口差不多已
经关闭了，再要创业就难了。

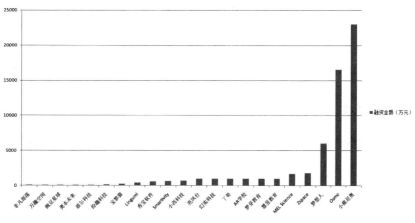

AR教育创业企业融资金额（万元）

从融资金额来看，总体还是比较少的，并且大部分企业是几百万元左右。这说明资本对AR教育还没有大力投入，对市场还处于观望阶段。当然也可能是还没有优秀的企业出现，值得大笔投资。Osmo、小熊尼奥和梦想人融资金额居前，尤其是小熊尼奥高达2.3亿元的B轮融资额，说明资本还是非常看好这一块的。

从投资机构来看，红杉、IDG、赛富和软银等顶级VC（Venture Capital，风险投资）没有出现，原因可能是他们觉得没有到投资时机。但也有纪源资本等知名专业创投机构和高通这样的产业资本介入。与共享单车等热门、短期投资领域相比，AR教育更是一个长期稳定的创业方向，在10年内做都会有机会。

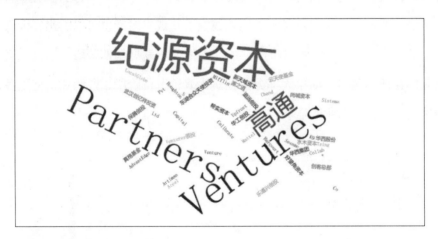

2. AR教育市场规模巨大

根据互联网教育研究院的研究数据表明，目前幼儿教育的市场规模约为3800亿元人民币，中小学教育（课外辅导＋民办学校）的市场规模约为6800亿元人民币，高等教育的市场规模2530亿元人民币，职业教育的市场规模约6000亿元人民币，语言学习市场规模约900亿元人民币，才艺培训市场规模约600亿元人民币，企业培训的市场规模约1500亿元人民币，教育出版的市场规模约350亿元人民币。2017年，中国教育市场总规模将超过9万亿元人民币。假设AR教育能够占据其中的10%，也将是很诱人的一块"大蛋糕"，值得教育行业的创业者进入。

3. AR教育细分领域分析

从业务模式来看，B2B模式的4家、B2C+B2B的5家，最多的还是B2C模式的，共15家。B2B模式容易产生正向现金流，团队规模也不需要很大，几个技术开发人员，一两个商务人员，基本就可以搭建起一个团队。只要能拿到项目，日子可以过得很滋润。但是，B2B模式的问题是"天花板"太低，和广告公司的项目制一样，每个项目定制，没办法大规模快速起量，因而发展有限。另外，B端市场规模远远小于C端市场，因此不够"性感"。

B2C模式的基本就和B端模式反过来：盈利慢，前期投入量大，需要产品、技术、运营、市场、品牌、客服、采购和供应链等多环节密切配合，难度极高。不过一旦打造出爆款，几十亿甚至上百亿元人民币的销售都有可能。

因此B2C模式的AR教育公司估值也最高，小熊尼奥就是个典型案例。鉴于目前是发展初期阶段，用B端业务产生现金流，用C端业务来抢占未来市场，混合B端和C端模式是一个很现实的选择。这方面的典型是幻实科技，它从2013年开始做起，但主要是做B端业务，直到2016年才推出C端产品，并且数量较少。

分析发现，AR教育初创企业比较扎堆早教领域，往上的K-12和大学、成人阶段人群涵盖很少。原因是AR技术还没有成熟，小孩子可以接受，但大人还难以买单。AR 和早教进行结合非常搭配。

第一,每年新增百万的新生儿,婴幼儿群体数量不断扩大,早教市场规模呈现一个快速增长的状态;第二,"80后"和"90后"成为新一代父母,他(她)们对孩子的教育不仅重视,而且愿意尝试各种新技术、新方法;第三,AR 应用于早教是一个真实的需求,能为儿童学习、娱乐提供独特的价值。AR 可视化、互动化的呈现方式可以很好地提高儿童的学习、记忆、观察能力,帮助孩子们认识世界。

AR 教育领域的创业机会很多,不用担心巨头进入挤掉初创企业,原因很简单:这是一个高度碎片化的市场。从年龄来看,可以划分为从出生到12个月的婴儿期、1~3周岁的幼儿期、3~7周岁的学龄前期,而每个阶段孩子的认知特点和需求都是不一样的,都需要根据具体的认知规律来开发对应的AR 教育产品。

从学习能力来看,不同儿童的记忆观察能力差异也很大,那么针对学习能力强和学习能力偏弱人群的产品设计也需要不一样。从幼儿学习教材来看,全国幼儿园并没有一个统一的教材,各家幼儿园都不一样。因此,巨大的早教市场实际上被切割为非常多的碎片,一个公司最多称霸一两个碎片领域,很难像社交软件那样做到"通杀"。

总的来说,AR 教育领域的创业机会非常多,AR 和教育各领域的结合有非常多可以挖掘的点。这使市场初创企业和传统教育巨头基本都站在同一条起跑线上。规模比较小的企业可以先从 B 端切入,逐步积累经验、人才和资金,然后再转向 C 端市场。

AR 的前途是光明的,但道路是曲折的,需要攻破一个个技术难关,需要开发一个个广受欢迎的产品或应用，需要媒体、社会不断地宣传推广。有志于此的社会各界人士，当戮力同心，奋勇向前，一起迎接AR的美好未来。

◇◇◇

附 录

附录1
AR开发平台和工具列表

SDK是软件开发工具Software Development Kit的简称，是做AR底层开发的软件工程师提供给普通开发者的工具和库，能够使开发者更容易、更高效地开发出AR应用程序。

Vuforia

多目标检测、目标跟踪、虚拟按钮、Smart Terrain™（新型3D重构功能）和扩展追踪都是Vuforia SDK的主要特性，它支持各种各样的目标检测（如对象、图像和英文文本），特别是Vuforia的图像识别允许应用去使用设备本地和云端的数据库。Vuforia支持Android、iOS和Unity系统，不过还有一种版本的SDK，即Epson Moverio BT-200、Samsung GearVR、ODG R-6和R-7是用于智能眼镜的。

Wikitude

Wikitude AR SDK支持图像识别和跟踪、3D模型的渲染和动画（只支持Wikitude 3D格式）、视频叠加、定位跟踪和图像、文本、按钮、视频等。Wikitude AR SDK可用于Android、iOS、Google Glass、Epson Moverio、Vuzix M-100和Optinvent ORA1。

ARtoolkit

ARtoolkit是一套基于C语言的AR系统二次开发包，能够在SGI IRIX、Mac OS X、PC Linux以及PC Windows 95/98/NT/2000/XP等不同操作

系统平台上运行。它利用计算机视觉技术来计算观察者的视点相对于已知标识的位置和姿态,并且同时支持基于视觉或视频的AR应用。其实时、精确的三维注册功能使得工程人员能够非常方便、快捷地开发AR应用系统。

D'Fusion

D'Fusion目前提供商业AR方案,分为手机、家庭和专业3个版本。手机版本支持设备包括iPhone、iPad和Android的手机及平板电脑,这个是专门为移动设备而设的AR应用程序。家庭版可以在不同的平台和浏览器操作,无需安装特别的硬件。专业版则需要配上有特殊功能的装置(如高清视频、多镜头照相机、红外线照相机或特殊传感器)使用。

ARkit

ARkit具有快速稳定的运动追踪定位、平面和边界的估计、光照估计、尺度估计,支持Unity、Unreal Engine(虚拟引擎)和Scenekit。总体来说,ARkit基本实现了单目+IMU的SLAM算法可以提供的大部分功能,并且质量很高。

亮风台HiAR

亮风台是国内一家专注智能图像识别与视觉交互的移动互联网公司,其开发了本地化的AR开发引擎HIARAR开发平台,该平台包括HiAR SDK、HiAR云识别以及HiAR管理后台。其中HiAR SDK拥有的跟踪识别技术可以原生支持多种格式的3D动画模型渲染,且支持脚本语言。与此同时,也支持原生多媒体AR和视频蒙版特效,并兼容全部主流的软硬件平台。

EasyAR

EasyAR是Easy Augmented Reality的缩写，是视辰信息科技（上海）有限公司的AR解决方案系列的子品牌，其目标是让AR变得简单、易实施，让客户都能将该技术广泛应用到广告、展馆、活动或App中。

太虚AR

太虚AR的VOID SLAM方案专为高质量稳定AR显示而开发，基于单目摄像头能在现有手持设备和各种智能眼镜上实现HoloLens的SLAM效果，大大降低了高质量AR应用的门槛。它不仅能够识别具体的场景，还能识别场景中真实的三维坐标信息，以达到虚拟内容和真实环境的完全融合。视觉SLAM+IMU的多元融合，不需要Marker图像，就能在现实环境中自由放置虚拟内容，创造身临其境的AR体验。

百度DuMix AR

DuMix AR是百度推出的AR技术产品化应用服务，帮助开发者快速集成SDK，高效制作并分发AR内容。它包括AR SDK、内容制作工具、云端内容平台和内容分发服务，组成了一站式AR开发集成解决方案。

腾讯QAR

QAR=Quick+AR，其目标是构建易用、轻型、一站式、多特性并且免费的AR SDK，开发者只需要3行代码就能为自己的App加入腾讯的AR模块功能。

其他

除了前面几款主流的开发平台，在此列出其他的一些供大家了解。

ARMedia	Minerva
3DAR	Mixare
ALVAR	Morgan
AndAR	Obvious Engine
AR23D	Omniar
ARlab	OsgART
Catchoom	Popcode
ARUco	PRAugmented Reality
TOMIC Authoring Tool	Qoncept AR
Aurasma	Robocortex
Awila	SLARToolkit
BazAR	Snaptell
Beyond Reality Face	SSTT
Beyound AR	String
Cortexia	Studierstube Tracker
In2AR	Viewdle
Dedigners ARToolkit	NyARToolKit
DroidAR	Win AR
Flare	ARMES
FLARToolkit	Windage

Goblin XNA   Xpose visual search

Google Goggles   Yvision

HOPPALA   Zenitum Feature Tracker

Instantreality   1inkme

IQ Engines   MXR Toolkit

Kooaba   OpenSpace3D

Koozyt   PanicAR

Layar   PointCloud

LibreGeoSocial   PTAM

LinceoVR   UART

Luxand FaceSDK   Xloudia

Microsoft Read/Write World   眼界SDK

附录2
自助式AR创作工具

附录1介绍的一些SDK需要程序员等专业人士才能使用，而普通用户其实也可以借助下面的一些自助式AR创作工具，像做PPT一样快速制作出自己的AR应用。

Blippbuilder

Blippbuilder自助服务主要是针对没有AR编码经验的工作室和销售商而设计的，可以为那些没有AR经验而想要在AR技术中发展的人群提供帮助。Blippbuilder的基础功能主要通过拖放工具，无需任何编码来操作实现。这款软件可以让那些想要涉足和了解AR的人免费使用，但缺点是开发的作品不允许作为商品买卖，也无法消除自带的水印，只有付费才可以去除。

视+AR编辑器

视+AR编辑器是一套完整的AR内容创建工具，根据入门难度、内容创建灵活度等因素划分为模板工具、Web编辑器工具和SunTool工具，满足不同技能、不同需求人员轻松创建AR内容的需求。

找趣

找趣是Realmax公司开发的一款专门针对"小白"开发者和第一次接触AR的人群的AR工具，它不需要使用SDK开发，没有编程基础的人也可以使用。只需要把识别图和你要展现出来的东西（如图片、视频或模型等）上传到你自己的找趣账号下，再在手机端扫描图片就可以达到AR的效果了。

幻眼编辑器

幻眼编辑器是一款简便的AR内容制作软件，用户可以通过幻眼编辑器制作属于自己的AR作品，不用掌握编程技术，只需要上传并调整3D模型、图片、视频、音频和链接等部件，就可以轻松创建AR内容。

ZapWorks

ZapWorks支持AR、VR、3D建模和JavaScript，可以进行预览和发布。不需要单独生成一个应用就可以发布内容，避免了提交应用商店所产生的麻烦。ZapWorks分为基本版和专业版，基本版的用户可以管理代码，并且可以使用窗口小部件和设计工具；专业版的用户则可以使用ZapWorks所有的功能。

Aurasma

Aurasma将具有AR效果的内容称为"Auras"，用户可以用自己的照片和视频创作独有的"Auras"，当然也可以去Aurasma的网站进行下载已有的内容。

ENTiTi Creator

ENTiTi Creator这是一款桌面应用，支持PC和Mac，用户可以先下载，然后再选取版本。该软件将帮助人们创建有关AR和VR的内容，但无需敲代码。目前，创建的内容在几秒钟内就可生成并发布，也可移植到所有的主流平台中使用。用户使用ENTiTi平台上传图片和视频以及相应的动作指令，轻松创建AR和VR内容，如3D图像、动画或者游戏。

CraftAR Creator

CraftAR Creator 是一个所见即所得的 AR 内容创作工具，用户通过鼠标的拖拉就可以轻松将视频、3D 模型动画与图片链接起来，以实现 AR 效果。

梦想编辑器

梦想编辑器是一款 AR 应用制作软件，运用模板即可快速制作 AR 出版物，并能发布到 PC 和移动端平台。目前，针对不同项目需求，梦想编辑器拥有九大制作模板，通过模板快速地把已有数字资源和实体图书聚合，然后通过 4D 书城等 AR 内容平台进行展示。

其他

此外，还有一些自助式 AR 创作工具，如幻实科技的扫动和幻实影像、Layar、天眼 AR 编辑器、ARVR 云设计、联想 AH 云、幻镜等。

附录3
AR垂直媒体 *

AR中国（AR in China）

国内专注于AR技术及行业资讯的门户网站。

中国AR网

国内AR技术交流的自媒体平台。

AR酱

用调侃、犀利的方式普及AR技术。

AR学院

AR技术交流社区、综合门户。

AR产业联盟

由知名企业、媒体自愿组成，是一个集联合性、专业性和行业性于一体的行业组织。

可遇可求的AR杂货铺

AR资讯、AR最新产品、AR研究报告、AR视频等相关资源下载的微信公众号。

APPreal

提供简洁实用的AR行业资讯。

---

* 排列不分先后。

极AR

一家立足于VR/AR领域的资深产业媒体，为企业提供专业的业务和融资指导，为投资机构提供专业的业务评估。

MedicalARugmentedReality

主要介绍AR在医学方面的应用。

ARBlog

2011年就开始运作的一个老牌AR资讯博客。

Next reality

提供AR行业的最新资讯。

附录4
国内AR企业不完全统计表*

序 号	公司名称	所在地	业务领域
1	深圳市幻实科技有限公司	广东	移动端AR开发
2	深圳市易瞳科技有限公司	广东	AR智能硬件
3	深圳青橙视界数字科技有限公司	广东	AR整体解决方案
4	天合动力（香港）有限公司	广东	移动端AR开发
5	深圳市中视典数字科技有限公司	广东	AR整体解决方案
6	广州海视传媒有限公司	广东	AR整体解决方案
7	深圳市睿云新数字媒体有限公司	广东	AR整体解决方案
8	广州悦派信息科技有限公司	广东	AR整体解决方案
9	广州增强信息科技有限公司	广东	AR整体解决方案
10	广州市乐拓电子科技有限公司	广东	AR整体解决方案
11	弧线传播	广东	AR整体解决方案
12	深圳视景文化科技有限公司	广东	AR整体解决方案
13	深圳市经伟度科技有限公司	广东	AR整体解决方案
14	创龙企业解决方案有限公司	广东	AR整体解决方案
15	深圳晟钦数码科技有限公司	广东	AR整体解决方案
16	佛山市超体软件科技有限公司	广东	AR整体解决方案
17	深圳市氧橙互动娱乐有限公司	广东	AR整体解决方案
18	广州帆拓信息科技有限公司	广东	AR整体解决方案
19	广州市炫创信息科技有限公司	广东	移动端AR开发
20	深圳酷眼移动科技有限公司	广东	移动端AR开发
21	深圳空谷传声文化传播有限公司	广东	AR整体解决方案
22	广州安亿信软件科技有限公司	广东	体感互动开发
23	广州卡派动漫设计有限公司	广东	AR整体解决方案
24	广州蜃境信息科技有限公司	广东	AR整体解决方案
25	深圳纳德光学有限公司	广东	AR整体解决方案
26	北京行空互动科技有限公司	北京	AR整体解决方案
27	北京暴龙科技有限公司	北京	AR整体解决方案
28	触景无限科技（北京）有限公司	北京	移动端AR开发
29	北京天智通达信息技术有限公司	北京	AR软件销售
30	哲想方案（北京）科技有限公司	北京	AR整体解决方案
31	北京深灵幻像数字科技有限公司	北京	AR整体解决方案

* 企业排列不分先后。

（续表）

序 号	公司名称	所在地	业务领域
32	埃尔塔（北京）科技有限公司	北京	AR整体解决方案
33	北京维格之翼科技有限公司	北京	AR整体解决方案
34	北京己墨科技有限公司	北京	AR整体解决方案
35	北京我的天科技有限公司	北京	移动端AR开发
36	北京炫晴科技有限公司	北京	AR整体解决方案
37	北京小小牛创意科技有限公司	北京	移动端AR开发
38	联想NBD	北京	AR智能硬件
39	软鱼科技有限公司	北京	AR整体解决方案
40	小签科技	北京	AR整体解决方案
41	北京智宇互动科技有限公司	北京	AR整体解决方案
42	北京华堂科技有限公司	北京	AR整体解决方案
43	北京银景科技有限公司	北京	工业AR解决方案
44	北京易讯理想科技有限公司	北京	AR整体解决方案
45	北京枭龙科技有限公司	北京	AR整体解决方案
46	北京耐德佳显示技术有限公司	北京	AR智能硬件
47	展视网（北京）科技有限公司	北京	AR整体解决方案
48	上海影创信息科技有限公司	上海	AR软件销售
49	上海小桁网络科技有限公司	上海	AR整体解决方案
50	O.S.G	上海	移动端AR开发
51	上海舍天信息科技有限公司	上海	AR整体解决方案
52	东漫（上海）电子科技有限公司	上海	AR整体解决方案
53	上海禾锐数码科技有限公司	上海	AR整体解决方案
54	触角科技	上海	AR整体解决方案
55	上海纽迪信息科技有限公司	上海	AR整体解决方案
56	上海契广数字科技有限公司	上海	AR整体解决方案
57	上海闻宇网络科技有限公司	上海	AR游戏开发
58	上海妙果数码科技有限公司	上海	AR整体解决方案
59	鲤跃咨询	上海	AR整体解决方案
60	上海璟世数字科技有限公司	上海	AR整体解决方案
61	央数文化（上海）股份有限公司	上海	AR整体解决方案
62	上海域圆信息科技有限公司	上海	AR整体解决方案
63	视辰信息科技（上海）有限公司	上海	AR整体解决方案
64	亮风台（上海）信息科技有限公司	上海	AR整体解决方案

（续表）

序　号	公司名称	所在地	业务领域
65	Realmax	上海	AR整体解决方案
66	上海知默网络科技有限公司	上海	AR整体解决方案
67	上海心勍信息科技有限公司	上海	移动端AR开发
68	上海喜旺文化传媒有限公司	上海	AR整体解决方案
69	梅斯医学（MedSci）	上海	AR整体解决方案
70	福州巡航舵通讯技术有限公司	福建	AR整体解决方案
71	厦门亿思信息技术有限公司	福建	AR整体解决方案
72	创景视迅数字科技有限公司	福建	AR整体解决方案
73	厦门幻眼信息科技有限公司	福建	移动端AR开发
74	福建旗木堂信息科技有限公司	福建	AR整体解决方案
75	麦吵网络科技有限公司	福建	AR整体解决方案
76	河南幻境数字科技有限公司	河南	AR整体解决方案
77	郑州云峰计算机科技有限公司	河南	AR整体解决方案
78	洛阳市子午线软件开发有限公司	河南	AR游戏开发
79	河南金象文化发展股份有限公司	河南	移动端AR开发
80	哈尔滨越泰科技发展有限公司	黑龙江	AR整体解决方案
81	武汉梦空间	湖北	AR整体解决方案
82	湖北视纪印象科技股份有限公司	湖北	AR整体解决方案
83	武汉秀宝软件有限公司	湖北	AR整体解决方案
84	长沙欧威创艺文化传播有限公司	湖南	VR
85	苏州闪博信息科技有限公司	江苏	AR整体解决方案
86	柏境数字	江苏	移动端AR开发
87	维睛时空（南京）信息科技有限公司	江苏	AR整体解决方案
88	南京投石科技有限公司	江苏	AR整体解决方案
89	卓谨信息科技（常州）有限公司	江苏	AR整体解决方案
90	南京睿辰欣创网络科技有限责任公司	江苏	VR
91	苏州梦想人科技有限公司	江苏	AR整体解决方案
92	苏州创意云网络科技有限公司	江苏	移动端AR开发
93	铭锋科技	辽宁	AR整体解决方案
94	沈阳深海动画数字媒体有限公司	辽宁	AR整体解决方案
95	云像视界（大连）科技有限公司	辽宁	AR整体解决方案
96	大唐英加（辽宁）移动科技有限公司	辽宁	AR软件销售
97	大连新锐天地传媒有限公司	辽宁	AR整体解决方案

（续表）

序号	公司名称	所在地	业务领域
98	青岛景深数字技术有限公司	山东	AR整体解决方案
99	济南索泰信息科技有限公司	山东	AR整体解决方案
100	青岛微派信息技术有限公司	山东	AR整体解决方案
101	山东千柚教育科技有限公司	山东	AR整体解决方案
102	青岛智海云天信息技术有限公司	山东	AR整体解决方案
103	山东国度网络科技有限责任公司	山东	AR整体解决方案
104	黑晶信息技术有限公司	山东	AR整体解决方案
105	山西易呈交互技术有限公司	山西	AR整体解决方案
106	西安灵境科技有限公司	陕西	AR整体解决方案
107	陕西旭东信息技术有限公司	陕西	AR整体解决方案
108	西安大奥信息科技有限公司	陕西	AR整体解决方案
109	西安億道品牌文化创意机构	陕西	移动端AR开发
110	陕西科海数码科技有限公司	陕西	AR整体解决方案
111	西安种子信息科技有限公司	陕西	AR整体解决方案
112	西安博奥软件科技有限公司	陕西	AR整体解决方案
113	西安力卡品牌传播有限公司	陕西	移动端AR开发
114	成都零起点科技有限责任公司	四川	AR整体解决方案
115	成都尤码科技有限公司	四川	AR整体解决方案
116	成都时代互动科技有限公司	四川	AR整体解决方案
117	成都匠心互动科技有限公司	四川	AR软件销售
118	成都微力互动科技有限公司	四川	AR云服务开发
119	成都半夏科技有限公司	四川	AR整体解决方案
120	天津生态城动漫园投资开发有限公司	天津	AR整体解决方案
121	APPS1010 Limited	香港	移动端AR开发
122	温州云眼科技有限公司	浙江	移动端AR开发
123	杭州高高信息科技有限公司	浙江	AR整体解决方案
124	义乌市大米舟信息科技有限公司	浙江	AR软件销售
125	杭州蓝斯特科技有限公司	浙江	AR智能硬件
126	浙江灵境数字科技有限公司	浙江	AR整体解决方案
127	重庆视酷数字互动科技有限公司	重庆	AR整体解决方案
128	重庆甲虫网络科技有限公司	重庆	AR整体解决方案
129	重庆威视真科技有限公司	重庆	AR整体解决方案